Mathematik mit Humor

Edition Angewandte
Buchreihe der Universität für angewandte Kunst Wien
Herausgegeben von
Gerald Bast, Rektor

edition:'ʌngewʌndtə
Universität für angewandte Kunst Wien
University of Applied Arts Vienna

Georg Glaeser & Markus Roskar

Mathematik mit Humor

Wie sich mathematische Alltagsprobleme lösen lassen

DE GRUYTER

Inhaltsverzeichnis

**Kann Mathematik lustig sein –
oder zumindest Spaß machen?**

Mathematik mit Humor

Mathematik hat einen einzigartigen Ruf. Mathematiker werden allgemein als intelligent eingestuft, nicht selten allerdings als ein bisschen weltfremd und verschroben, meist auch akribisch genau. Und dann kommen gleich Sätze wie die folgenden: „Ich war ja in der Schule eine absolute Niete in Mathematik", oder aber: „Im Rechnen war ich immer recht gut."

Mathematik erschöpft sich keineswegs im „Rechnen", besteht aber auch nicht ausschließlich aus Beweisen oder für Laien unverständlichen Überlegungen. Mathematik muss überhaupt nicht weltfremd sein, und es ist keineswegs verboten, Mathematik mit Freude, ja sogar Spaß, zu betreiben. Es ist zudem nicht gegen die Regeln, Sachverhalte so zu formulieren, dass sie auch „normale Leute" verstehen.

Dieses Büchlein ist für Menschen gedacht, die zumindest eine Beziehung zu Mathematik haben, ob sie nun viele Jahre lang in der Schule Mathematik hatten oder nicht. Vielleicht ist es auch ein bisschen für mathematisch talentierte Jugendliche gedacht, die eben statt manch anderer Vergnügen gern mal Zettel und Bleistift zur Hand nehmen und mathematische Überlegungen umsetzen. Ein Tipp: Eine Skizze ist immer hilfreich und empfehlenswert. Diese kann – zur eigenen Unterhaltung – gern mal ein lustiges Element dazubekommen.

Der Text stammt von Georg Glaeser, der auf einer Kunstuniversität Mathematik (!) unterrichtet, und das fast immer zur Freude der Studierenden. Kunst und Mathematik sind nämlich keineswegs so diametral, wie man nach der Zeit der großen Universalisten (Leonardo da Vinci!) lange Zeit dachte. Die Zeichnungen stammen von Glaesers Kollegen Markus Roskar. Es lohnt sich, ein bisschen genauer hinzusehen: Irgendeine Pointe oder eine versteckte Anspielung findet sich praktisch überall. Wenn schon vielleicht der Text nicht immer lustig ist bzw. sein kann: Schön wär's, wenn Sie wenigstens bei jeder Zeichnung ein bisschen schmunzeln könnten.

Die beiden Autoren bedanken sich an dieser Stelle ganz besonders bei Lektorin Tamara Radak, die das Buch in allen Phasen begleitet hat. Unter den vielen anderen Helfern möchten wir Peter Calvache, Max Gschwandtner, Boris Odehnal, Jenny Theuer und Günter Wallner namentlich anführen.

Das Buch wurde im Doppelseitenprinzip geplant: Jede Doppelseite besteht aus einer ganzseitigen, fast immer humorvollen Zeichnung, die irgendwie zum Text auf der anderen Seite passt. Der Text sollte locker, oft auch humorvoll, aber mathematisch korrekt geschrieben werden und zumeist ein Thema des Alltags behandeln, das einen mathematischen Hintergrund hat. Das hat einige Vorteile: Eine solche Doppelseite lässt sich schon mal vor dem Frühstück verdauen oder kann als Gutenachtgeschichte ein kleines Schmunzeln vor dem Einschlafen hinterlassen. Die Seiten stehen absichtlich nur bedingt in Zusammenhang. Dadurch kann man problemlos querlesen. Also: Blättern Sie mal munter drauf los ...

Die Anordnung des Orakels
und seine Umsetzung

Making of ...

Die Mathematik ist gerade dabei, ihr Image als unzugängliche, sperrige Wissenschaft zu verlieren und eine nachvollziehbare emotionale Dimension zu bekommen. Zeit für uns – den Künstler Markus Roskar und den Mathematik-Professor Georg Glaeser –, ein „Mathematikbuch der anderen Art" zu schreiben.

Als Lehrende an einer Kunstuniversität sind wir ein „breit gestreutes Publikum" gewohnt: Nachdem unsere Studierenden beim Eingangstest ganz sicher nicht nach ihrer Mathematiknote, sondern vielmehr nach ihrer künstlerischen Kreativität gefragt werden, ist es natürlich interessant zu sehen, was bei so einem Prozess herauskommt. Und, siehe da, es handelt sich um junge Menschen, die sich durchaus ein bisschen mathematisch betätigen wollen, ohne aber in einem Korsett von Definitionen und manchmal sehr strengen Ausdrucksweisen zu ersticken. Die Alltagstaugliches auf humorvolle Art beigebracht haben wollen und sich gern durch unkonventionelle Beispiele überraschen lassen.

Ein klassisches Mathematikbuch schreibt man, indem man sich penibel ein Grundgerüst überlegt, in Kapitel einteilt, darüber nachdenkt, in welcher Reihenfolge man was aufbereitet, damit der Leser Schritt für Schritt von einer Ebene in die nächste gehoben werden kann. Selbst wenn man nur einen Teilbereich der Mathematik abdecken will, hat so ein Buch im Minimalfall ein paar Hundert Seiten, und es fordert vom Leser einen hohen Zeitaufwand. Bücher dieser Art gibt es natürlich am Markt, aber sie werden wohl selten von unserem Zielpublikum gelesen. Unser Ziel war ein handliches Büchlein, das man immer wieder recht willkürlich aufschlagen kann, um sich eine Inspiration zu holen.

Dass die Sache trotzdem nicht so einfach war, beweisen die Stapel von Zeichnungen, die Markus Roskar mittlerweile auf seinem Schreibtisch liegen hat. Von ihnen hat es nur ein Bruchteil „ins Buch geschafft" – ebenso wie viele der theoretischen Überlegungen von Georg Glaeser. Mal war die Originalität der Zeichnung dominierend für den Text, mal war die mathematische Botschaft dann doch wichtiger als ein lustiges Detail in einer Zeichnung.

Die Serie von Studien auf der linken Seite hätte es nicht ins Buch geschafft, wenn wir nicht die Idee mit dem „Making of" gehabt hätten. Es ging dabei um ein klassisches Problem der alten Griechen, die Würfelverdoppelung: Während einer Pestepidemie suchten die Bewohner von Delos Rat bei ihrem berühmten Orakel. Als Antwort kam, sie müssten den würfelförmigen Altar im Tempel des Apollon im Volumen verdoppeln. Was für uns heute das Eintippen der dritten Wurzel aus 2 in den Rechner bedeutet, war damals und ist nachweislich niemals mit den klassischen Methoden lösbar – also nicht mit Zirkel und Lineal konstruierbar.

1

Elementares

Mathematik und die anderen Wissenschaften

Mathematik wurde u. a. nicht als Selbstzweck erfunden (und gilt heute als die am weitesten entwickelte Wissenschaft), sondern sie sollte immer auch anderen Wissenschaften eine Hilfe sein. Heute hat sie ihren Siegeszug nahezu in die letzten Winkel anderer Wissenschaften geschafft, sei es die Biologie, die Geografie, die Medizin, die Musikwissenschaft o. Ä.

Wo die Mathematik naturgemäß sehr stark verankert ist, ist die Physik. Physiker sind „halbe Mathematiker" – auch wenn es neben der theoretischen Physik auch die praktische gibt. Was Wunder, wenn es mathematische Physikerwitze gibt?

Hier ein guter: Fahren drei Mathematiker und drei Physiker in der Bahn zu einem Kongress. Zum Erstaunen der Mathematiker haben sich die Physiker nur eine Fahrkarte für alle zusammen gekauft.

Als die Silhouette des Schaffners sichtbar wird, verschwinden alle drei Physiker auf der Toilette. Der Schaffner bemerkt, dass die Tür zum WC abgeschlossen ist, klopft an und sagt „Fahrschein, bitte!". Da erscheint tatsächlich ein Fahrschein im Türspalt, der Schaffner entwertet ihn, schiebt die Karte zurück und kontrolliert die anderen Fahrgäste.

Der Kongress geht zu Ende, und die beiden Dreiergruppen fahren retour. Wieder haben sich die Physiker nur einen Fahrschein gekauft, die Mathematiker jedoch *gar keinen*.

Die Silhouette des Schaffners taucht im Nebenwaggon auf, die Physiker schließen sich wieder in der Toilette ein. Ein Mathematiker geht zur WC-Tür, klopft an und sagt: „Fahrschein, bitte!"

Bei der Aufzählung der Wissenschaften, die Mathematik brauchen, haben wir fast die wichtigsten „Kunden" vergessen: Die Ingenieure. Sie lieben – zu Recht – die Mathematik, und wenden sie ständig an, wenn sie Brücken bauen, Maschinen optimieren, Stromkreise berechnen u. v. m. Dabei sind sie einem Mathematiker manchmal zu ungenau:

Wieder in einem Zug, meinetwegen in Schottland, sitzen ein Ingenieur, ein Philosoph und ein Mathematiker. Sie sehen eine Schafherde mit einem schwarzen Schaf. Der Ingenieur witzelt, dass es offensichtlich auch in Schottland schwarze Schafe gäbe; der Philosoph ermahnt ihn, nicht zu generalisieren, sondern eben nur von *zumindest einem* schwarzen Schaf zu sprechen; der Mathematiker lässt auch das nicht gelten und formuliert um: Es gäbe *zumindest ein Schaf, das zumindest auf einer Seite schwarz ist.*

Bei den obigen Witzen lachen aus eigener Erfahrung so gut wie alle – auch Menschen, die keiner der genannten Berufsgruppen angehörigen. Zahlreiche andere Witze, die man im Internet lesen kann, erfordern oft „Spezialwissen", das nur mathematiklastige Freaks haben.

Nicht dasselbe, aber sicher kein Widerspruch ...

Mathematik und Kunst?

Diese Frage hört man *außerhalb* einer Kunstuniversität regelmäßig. Nun ja; dass Industriedesigner und Architekten Geometrie brauchen, leuchtet dann doch bald ein. Aber die andere, vielleicht nicht so anschauliche Mathematik? An den Kunstuniversitäten hat sich das Blatt mittlerweile längst gewendet: Nein, natürlich braucht man nicht unbedingt mathematisches Spezialwissen, aber die Faszination für Mathematik als *Katalysator für Kunst* greift immer mehr um sich.

Nicht wenige künstlerisch begabte Menschen (und auch andere) haben vor der Mathematik eine Scheu, die auf Erlebnisse in der eigenen Schulzeit zurückgeht. Geometrie und Mathematik standen in der Antike und der Renaissance keineswegs diametral zu den Künsten – man denke etwa an Leonardo da Vinci – und es steht sehr gut um eine Wiederannäherung, weil beide Seiten die Vorteile einer Symbiose erkennen. Im Idealfall ist die Folge davon eine stets bereichernde Auseinandersetzung und Weiterentwicklung, gelegentlich ein Brechen von Tabus. Man könnte von einer auf Wechselwirkung beruhenden Evolution sprechen, und dieser Trend wirkt mittlerweile weit über die Grenzen der Kunstuniversitäten hinaus.

Der Einfluss der Mathematik auf die Kunst muss keineswegs ausschließlich darin bestehen, dass Kunstschaffende, fasziniert von der außer Frage stehenden Ästhetik mathematischer Flächen oder Formeln, Werke schaffen, die das zum Ausdruck bringen. Oft ist es auch nur die beeindruckende Präzision, die mathematische Aussagen in sich tragen, die solche Menschen inspiriert.

Ein berühmter Satz des amerikanischen Dichters und Schriftstellers Charles Bukowski lautet: „The problem with the world is that the intelligent people are full of doubts while the stupid ones are full of confidence." Unterziehen wir den Satz einmal mit etwas Humor einer mathematischen Fragestellung:

Echte Künstler sind *immer* voll von Zweifeln. Folgt daraus, dass sie intelligent sind? Oder folgt daraus, dass Personen, die stets von sich und ihrer Meinung überzeugt sind, unintelligent sind? (Manchmal neigen ja gewisse Mathematiker auch dazu, Dinge für unumstößlich zu halten, auch wenn sie nicht direkt dem künstlich geschaffenen Konstrukt der Mathematik entstammen.) Die Sache ist natürlich nicht so einfach zu beantworten, aber sie regt zum Nachdenken an, und das ist auch etwas, was die Kunst nicht selten mit einem Mathematiker macht und umgekehrt. Im Übrigen erinnert der Satz ein wenig an das deutsche Sprichwort „Dummheit und Stolz wachsen auf demselben Holz." Das Problem mit den Sprichwörtern ist, dass man sie oft so oder so auslegen kann. Ein (ziemlich großes) Körnchen Wahrheit ist natürlich immer dabei.

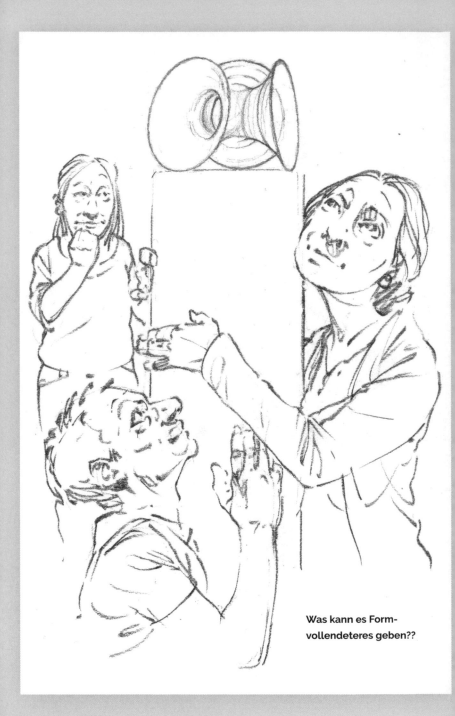

Was kann es Form-
vollendeteres geben??

Mathematik, Kunst und Schönheit

Wie Sie schon gemerkt haben, ist dieses Büchlein kein klassisches Mathematikbuch. Es ist schon gar nicht ein Buch über Kunst oder über Schönheit. Dennoch streifen die Begriffe nicht selten aneinander, und natürlich finden Mathematiker viele ihrer Formeln oder auch Abbildungen „wunderschön". Ganz selten würden sie solche Dinge aber als Kunst bezeichnen. Was Kunst ist, ist gar nicht leicht zu definieren. Die häufig benutzte polemische Aussage „Kunst kommt von Können" wird gern dann verwendet, wenn man sich über einen Künstler lustig machen will. Umgekehrt ist der gelegentlich von Politikern zitierte Satz „Wenn Kunst von Können kommt, kommt Karli von Caorle" auch nicht hundertprozentig richtig: Kunst hat natürlich etwas mit „Kennen" und „Können" zu tun. So sagte neulich ein Künstler: „Wenn jemand Künstler ist, muss er alles kennen." Ein gekonntes Wortspiel.

Wenn es für einen Designer oder Architekten darum geht, etwas so ähnliches wie ein Ellipsoid für sein Design oder seinen Gebäudeentwurf zu verwenden, ist der Ratschlag „Dann nimm ein exaktes Ellipsoid, denn das ist an Ästhetik nicht zu überbieten" sehr wohl berechtigt. Tatsächlich sind „ungefähre Annäherungen" oft der einzige Wermutstropfen bei so manchem Gebilde. Genauso wie es renommierten Designer- oder Architektur-Zeitschriften als No-Go gilt, wenn vertikale Gebäudekanten im Bild nur „fast parallel" sind. Wenn schon, denn schon.

Wenn es um Symmetrien geht, gibt es ebenso interessante Standpunkte. Eine neue mathematische Formel, die symmetrische Koeffizienten hat, lässt das Herz jedes Mathematikers oder Physikers höher schlagen. Das geht so weit, dass man gelegentlich hört: „Wenn eine Formel nicht symmetrisch ist, liegt der Verdacht nahe, dass sie falsch ist." Manchmal haben diese Leute sogar recht und es findet sich in der Ableitung der Formel ein kleiner Rechenfehler.

Selbst in vermeintlich wasserdichten Computergrafiken, in denen mathematische Gebilde zu sehen sind, findet man gelegentlich Fehler. Flächen im Raum, beschrieben durch mathematische Gleichungen, weichen manchmal lokal gesehen irgendwie „gefühlsmäßig" seltsam von der erwarteten Form ab. Die einfachste Erklärung ist dann, dass beim Eingeben der Gleichung ein Tippfehler passiert ist. Im Bild links ist ein sogenanntes Trinoid zu sehen; wer schon mal versucht hat, hierfür die Gleichung einzutippen, weiß, wovon die Rede ist.

Manchmal decken solche Ungereimtheiten allerdings sogar Fehler des Computers auf: Im Normalfall berechnet ein Computer Zahlen nur auf eine gewisse Anzahl von Kommastellen, und wenn man dann z. B. zwei berechnete Zahlen, die sich nur ab der zehnten Kommastelle unterscheiden, voneinander subtrahiert und mit dem Ergebnis weiterrechnet, kommt „digitaler Müll" heraus.

**Alle Instrumente sind
gestimmt: Los geht´s!**

Mathematik und Musik

In allen Kulturen und zu allen Zeiten haben Menschen gesungen und musiziert. Vielen liegt der Rhythmus wahrhaft im Blut und sie geben Töne und Ton-Sequenzen von sich, die direkt ins Herz gehen (Ausnahmen, wie der gallische Sänger Troubadix aus der Comic-Serie *Asterix*, bestätigen die Regel). Oft kennen diese Menschen gar keine Noten und gehen ausschließlich „nach Gehör".

Töne entstehen, wenn Luft so in Schwingung versetzt wird, dass die Schallwellen bestimmte Frequenzen haben. Dies kann durch Schwingen einer gespannten Saite oder z. B. auch durch „Anblasen" einer Flasche, die teilweise gefüllt ist, geschehen (Zeichnung!). Der berühmte „Kammerton a" hat eine Normstimmhöhe von 440 Hz. Oder doch nicht ganz: In vielen berühmten Orchestern hat der Kammerton nämlich 443 Herz, damit die Saiteninstrumente lauter und voller klingen. Der Unterschied ist wahrlich marginal (ein Zehntel eines Halbtons), aber manche Menschen mit „absolutem Gehör" merken den Unterschied.

Wie sehr Musik mit Mathematik verknüpft ist, zeigt die Tatsache, dass Pythagoras vor 2 500 Jahren klingende gespannte Saiten nach einfachen mathematischen Proportionen 1 : 2, 2 : 3 usw. unterteilte und so eine Tonleiter definierte. Heute betrachten wir die Frequenzen, die sich indirekt proportional zu den Saitenlängen verhalten. Frequenzverhältnis 2 : 1 bedeutet halbe Saitenlänge und der Sprung vom tieferen zum höheren Ton wird als Oktav bezeichnet (z. B. C ↦ c).
Bei einer Quint ist das Frequenzverhältnis 3 : 2 (C ↦ G), bei der Quart 4 : 3 (C↦F oder E♭↦A).

Tonskalen und Tonsysteme wurden allerdings im Verlauf der Musikgeschichte angepasst. Rein pythagoräische Musik klingt für unsere Ohren schon ein bisschen seltsam. Das hängt damit zusammen, dass einfache Brüche von ganzen Zahlen nicht perfekt zu der eigentlich exponentiellen Skala der Frequenzen passen. Es ist ein bisschen so wie bei den Fibonacci-Zahlen (siehe Seite 117), die in der Natur eine gute, aber nicht perfekte Annäherung an exponentielles Wachstum liefern. Eine exakt mathematische Einteilung liefert die gewöhnungsbedürftige Zwölfton-Musik.

Mathematiker behaupten gerne, dass überproportional viele ihrer Zunft musisch talentiert sind. Ob es dazu ernstzunehmende Statistiken gibt, konnten die Autoren nicht in Erfahrung bringen, allein schon weil die Definition von musischer Begabung sehr subjektiv ist. Genauso wie gar nicht leicht zu definieren ist, wer mathematisch begabt ist. Beides schlummert in den meisten Menschen, und beides kann gefördert werden oder aber verkümmern.

(Gemurmelt:) Und sie bewegt sich doch!

Wem nützt es, wenn ich darauf bestehe?

Italien war in der Renaissance ein wahrer Hotspot für Genies. Leonardo da Vinci war eines davon, Galileo Galilei ein anderes. Ihre Geburtsorte Vinci und Pisa liegen kaum 40 km Luftlinie entfernt, allerdings wurde Leonardo mehr als ein Jahrhundert früher geboren. Beide waren Universalisten, die den Naturwissenschaften ein neues Gesicht verpassten. Beide kamen mit ihren Denkansätzen an die Grenze des damals Erlaubten.

Damals war man bald mit dem mächtigen Klerus in Konflikt, wenn man Erklärungen für Dinge suchte, die nicht so recht zusammenpassten. Leonardo sezierte z. B. heimlich Leichen, um die Zusammenhänge im Körper besser verstehen zu können, Galileo griff die anderthalb Jahrhunderte alte Theorie des Kopernikus auf, die nicht die Erde, sondern die Sonne ins Zentrum des Universum stellte – damit ließen sich die Unregelmäßigkeiten der Planetenbahnen erklären. Kopernikus' Werk war zunächst verlacht worden, wurde dann aber (offenbar im Zuge der „Probleme" mit Galilei) sicherheitshalber auf den Index der verbotenen Bücher gesetzt, wo es mehr als zwei Jahrhunderte verblieb. Kopernikus wusste wahrscheinlich nicht, dass 1 800 Jahre vorher Aristarchos von Samos bereits das heliozentrische System propagiert hatte, ebenfalls ohne allzu ernst genommen worden zu sein.

Es ist natürlich schon ein Unterschied, ob man verlacht wird, weil eine Theorie so schwer zu akzeptieren ist, oder ob man dafür am Scheiterhaufen verbrannt wird. Galilei war Pragmatiker genug, einen Rückzieher zu machen. Vielleicht ahnte er, dass sich die Annahme, die Erde sei Zentrum des Weltalls, ohnehin nicht mehr lang halten konnte. Bald stellte Johannes Kepler seine berühmten Gesetze zur Bewegung der Planeten auf, die ein paar Jahrzehnte später Isaac Newton zur Gravitationstheorie führten.

Wie ist das eigentlich heutzutage? In manchen Bundesstaaten der USA darf die Evolutionstheorie in Schulbüchern nur als eine von mehreren Theorien zur Erklärung der Artenvielfalt angeführt werden – gleichberechtigt zu unhaltbaren Hypothesen, die praktisch alles in Frage stellen, was wissenschaftlicher Stand der Dinge ist.

Reine Mathematiker, die sich nicht mit Physik oder Biologie beschäftigen, haben und hatten allerdings nie Probleme mit Intoleranz. Ihre Formeln kratzen nicht an festgefrorenen Anschauungen, weil sie ohnehin „weltfremd" sind. Ihre Formeln sind neutral, weil die Mathematik ein in sich geschlossener Mikrokosmos ist, der ad hoc nichts mit der Realität zu tun haben muss.

Jede Zeile muss hieb- und stichfest sein

Mathematische Witze kursieren – wie andere auch – im Internet. Meistens finden hauptsächlich Mathematiker selber die Witze lustig, die anderen schmunzeln etwas gequält. Der Bilderwitz auf der linken Seite, bei dem einige Mathematiker vor einer vollgekritzelten Tafel stehen und erkennen, dass der erste Teil des Beweises wunderbar funktioniert und auch der Schlussteil einwandfrei ist, aber in der Mitte dringend ein „missing link" gebraucht wird, ist für Nicht-Mathematiker eigentlich gar kein Witz. Mathematiker hingegen können davon aber ein Lied singen und denken oft – nachträglich – schmunzelnd daran zurück, wie oft in ihren Beweisen schon „fast alles" geklappt hat, aber dazwischen oft nur eine Zeile einen Strich durch die Rechnung gemacht hat.

Zwei klassische einfache Beispiele:

• Man könnte mit folgendem „Zweizeiler" beweisen, dass 1 gleich 2 ist – wenn nicht irgendwo ein Fehler versteckt wäre:

$$a = b \Rightarrow a + (a - 2b) = b + (a - 2b)$$
$$\Rightarrow 2(a - b) = 1(a - b) \Rightarrow 2 = 1.$$

Den Fehler zu finden, dauert bei solider mathematischer Ausbildung nicht lang, ein Laie wird wohl nur schwer draufkommen: Im letzten Schritt wurde durch $(a - b)$ gekürzt, was man nur machen darf, wenn $a - b \neq 0$ und damit $a \neq b$ ist (durch Null darf man bekanntlich nicht dividieren, weil da praktisch alles herauskommen kann); $a = b$ war aber genau die Anfangsvoraussetzung …

• Selbst für einen Laien ist der Denkfehler in folgendem Beispiel zur „Geldvernichtung" zu finden:

$$1€ = 100\,c = 10\,c \cdot 10\,c =$$
$$= 0,1€ \cdot 0,1€ = 0,01€ = 1\,c.$$

Hier liegt der Fehler in der sogenannten Dimension: Statt $10\,c \cdot 10\,c$ hätte es heißen müssen $10 \cdot 10\,c$ …

Viele Leute glauben, mit Beharrlichkeit doch irgendwann eine Lösung für ein bestimmtes Problem finden zu können, auch wenn es mathematisch beweisbar ist, dass es keine Lösung geben *kann*. Ein einfaches Beispiel: Mit genau drei der Zahlen 1, 3, 5, 7, …, 93, 95, 97, 99 lässt sich niemals die Summe 100 erreichen.

Alle gegebenen Zahlen sind ungerade, und weil die Summe aus drei ungeraden Zahlen immer ungerade ist, kann nie eine gerade Zahl herauskommen.

Was hier jedem einleuchtet, ist manchmal viel schwerer erkennbar. Immerhin glauben z. B. jedes Jahr einige Leute aufs Neue, eine Konstruktion mit Zirkel und Lineal gefunden zu haben, mit der man π *exakt* konstruieren kann. Der Beweis, dass es nicht geht, ist aber schwer zu verstehen. Um zu zeigen, dass die Konstruktion eben nicht $100\,\%$ exakt ist, hilft es oft, die Konstruktionsschritte mit dem Computer nachzuvollziehen und sich das Ergebnis auf 10 Kommastellen ausgeben zu lassen. Dem Computer vertrauen manche mehr als dem Mathematiker. Und wenn die Konstruktion womöglich auf 5 oder 6 Kommastellen genau ist, ist sie ohnehin bemerkenswert.

2

Geniales

Albert bastelt.

Ist ein einziger Beweis genug?

Die alten Ägypter und Babylonier kannten die heute wirklich jedem zumindest unter $a^2 + b^2 = c^2$ geläufige Beziehung im rechtwinkligen Dreieck. Sie kannten sie, aber sie kamen nicht einmal auf die Idee, dass man diesen „Satz" beweisen müsse. Das tat angeblich erst Pythagoras vor 2 500 Jahren, und deswegen ist der Satz auch nach ihm benannt (mittlerweile ist man sich nicht sicher, ob es wirklich der besagte Grieche eigenhändig war). Die Ägypter verwendeten nämlich auch „Sätze", die nur näherungsweise stimmten, ohne dass es ihnen auffiel.

Der Satz des Pythagoras wurde mittlerweile auf Dutzende, ja Hunderte, Arten bewiesen. Es ist immer gut, wenn es mehrere unabhängige Beweise gibt, auch wenn nur einer genügt. Der Beweis des elfjährigen Albert Einstein ist allerdings so bemerkenswert, dass es sich auszahlt, ihn genau zu verstehen – der kleine Albert war nämlich von Anfang an geometrisch-mathematisch begabt, das Problem war nur die Falschinterpretation seines Reifezeugnisses durch den ersten Biografen: In der Schweiz ist nämlich die sechs die *beste* Note!

Der Knabe hatte einen sehr wichtigen Zusammenhang voll durchschaut: Skaliert (= multipliziert) man eine ebene Figur mit einem bestimmten Skalierungsfaktor, dann verändert sich die zugehörige *Fläche* mit dem *Quadrat* des Faktors. Beispiel: Ein Kreis mit Radius 3 hat die neunfache Fläche des „Einheitskreises" mit Radius 1. Dafür braucht man keine Flächenformel ...

Noch ein (nicht mehr triviales) Beispiel: Ich möchte ein Papierblatt in der Mitte falten, um dadurch zwei ähnliche Blätter mit halber Fläche zu erhalten. Die Formate sind zueinander ähnlich (gleiches Seitenverhältnis), also ist die Vergrößerung der Seitenlängen von A5 auf A4 die Wurzel aus 2: Es ist ja $(\sqrt{2})^2 = 2$.

Das brachte Klein-Albert auf folgende Idee: Sei ein rechtwinkliges Dreieck mit den Seitenlängen a, b und c gegeben. Das kann man mit einer Schere entlang der Höhe auf die längste Seite c in zwei kleinere rechtwinklige Dreiecke zerschneiden, die dann zusammen dieselbe Fläche haben. Die Dreiecke haben sogar die gleichen Winkel, sind also *ähnlich*. Sie sind auch zu einem weiteren „Prototypen-Dreieck" mit denselben Winkeln ähnlich, dessen längste Seite 1 und dessen Fläche F sein soll. Durch Skalierung der längsten Seite des Prototypen mit den Faktoren a, b und c erhält man somit unsere drei Dreiecke, die folglich die Flächeninhalte $a^2 \cdot F$, $b^2 \cdot F$ und $c^2 \cdot F$ haben. Weil die beiden kleineren Dreiecke zusammen das ursprüngliche Dreieck ausmachen, gilt $a^2 \cdot F + b^2 \cdot F = c^2 \cdot F$. Jetzt kürzen wir noch schnell durch F und der Beweis ist fertig!

Wenn mehrere Mathematik-Profis nach eingehender Analyse jeden einzelnen Beweisschritt nachvollziehen können, stehen die Chancen gut, dass der zu beweisende Satz in alle Ewigkeit „hält". Das unterscheidet die Mathematik von fast allen anderen Wissenschaften.

$$10^3 + 9^3 = 1729 = 12^3 + 1^3$$

Wie kannst du nur glauben,
dass 1729 bedeutungslos ist??

Beziehung zu Zahlen

Srinivasa Ramanujan wurde in Südindien unter ärmlichen Verhältnissen geboren und starb 32-jährig ebendort, nachdem er es vorher in England zu einer mathematischen Berühmtheit gebracht hatte, aber immer kränklich war. Sein Umgang mit Zahlen war legendär. Ein Mathematiker-Freund soll ihn im Spital besucht und so nebenbei erwähnt haben, dass er mit einem Taxi mit der Nummer 1729 gekommen war – und dass dies eine der wenigen Zahlen sei, die ihm absolut nichts sagen würden. Ohne Nachdenken soll Ramanujan geantwortet haben: „Aber nein, 1729 ist sogar eine sehr bemerkenswerte Zahl: Sie ist nämlich die kleinste natürliche Zahl, die man auf zwei verschiedene Weisen als Summe von zwei Kubikzahlen ausdrücken kann." Für den Laien zur Illustration:

$$1729 = 1^3 + 12^3 = 9^3 + 10^3.$$

Cool? Es geht noch cooler: Mit der folgenden Formel von Ramanujan kann man in nur zehn Schritten π auf 88 Stellen hinter dem Komma berechnen:

$$\frac{1}{\pi} = \frac{2\sqrt{2}}{9801} \cdot \sum_{n=0}^{\infty} \frac{(4n)!}{(n!)^4} \cdot \frac{1103 + 26390\,n}{396^{4n}}.$$

Verstehen brauchen Sie die Formel nicht – sie war und ist selbst für Mathematiker eine harte Nuss. Dabei war Ramanujan ein Autodidakt, der erst über die Jahre lernen musste, mit welcher Strenge Mathematiker an solche Dinge herangehen. Offenbar war der Mann ein Naturtalent, dem diese Dinge einfach

in den Schoß fielen. Seine Notizbücher waren randvoll mit solchen Formeln, viele davon ohne Beweis.

An dieser Stelle könnte einem Mathematiker der „Große Fermatsche Satz" einfallen: Es geht um *ganzzahlige* Tripel (a, b, c), welche die Gleichung $a^n + b^n = c^n$ erfüllen. Der geniale französische Mathematiker Pierre de Fermat behauptete im 17. Jahrhundert „kalt lächelnd" in einem seiner Notizbücher, er habe einen „vorzüglichen Beweis" dafür, dass es für $n \geq 3$ kein solches Tripel gäbe. Er meinte nur lapidar, der Beweis sei etwas länger, sodass er nicht auf die Seite passe …

Anmerkung: Für $n = 2$ haben wir „den Pythagoras" $a^2 + b^2 = c^2$ im rechtwinkligen Dreieck. Das ganzzahlige Tripel $(3, 4, 5)$ war schon den alten Ägyptern bekannt: $3^2 + 4^2 = 5^2$. Damit konnten sie sehr effizient ihre Reisfelder jedes Jahr aufs Neue nach den Überschwemmungen des Nils vermessen. Sie nahmen Seile der Länge $3 + 4 + 5 = 12$ Knoten, banden die Enden zusammen und spannten zu drill das Seil am Ausgangspunkt, nach 3 Knoten und nach weiteren 4 Knoten. Die alten Babylonier hatten das ganzzahlige Tripel $(5, 12, 13)$ auf Lager.

Der endgültige Beweis des so einfach scheinenden „Großen Fermats" $(n \geq 3)$ brachte viele Mathematiker zum Verzweifeln und gelang letztlich erst 1994 dem Briten Andrew Wiles.

Hexe oder Wunderkind?

Wunderkinder

Maria Gaetana Agnesi wurde in Mailand fast zeitgleich mit Maria Theresia (zu deren Reich auch Mailand gehörte) und damit im Zeitalter der Aufklärung geboren. Das war wohl ihr Glück, denn ein oder zwei Jahrhunderte früher hätte ein Übersetzungsfehler rasch zu einem Ende am Scheiterhaufen führen können: Sie untersuchte nämlich unter anderem eine algebraische Kurve, die heute unter dem Namen „Versiera der Agnesi" bekannt ist. Im Englischen bekam die Kurve zunächst aber wegen einer fehlerhaften Übersetzung den Namen „witch of Agnesi". Maria Gaetana war als Älteste von 21 (!) Geschwistern ein sogenanntes Wunderkind, das mit elf Jahren bereits sieben Sprachen beherrschte und eine außergewöhnliche mathematische Begabung zeigte. Sie wurde im Alter von 30 Jahren zur Universitätsprofessorin in Bologna bestellt.

Dass Frauen überhaupt solche Positionen angeboten wurden, war ein Novum und es dauerte – wie in den anderen Wissenschaften auch – bis ins späte 20. Jahrhundert, dass auch weibliche Personen auf diesem Gebiet ernst genommen wurden. Die Gründe dafür würden den Rahmen dieses Buches sprengen und sie würden vor allem auch nicht zum Thema Humor passen …

Agnesi übte allerdings ihre Professur nie aus. Sie gab die Wissenschaft zugunsten ihres Glaubens und karitativer Aktivität auf.

Ein bisschen erinnert das an Blaise Pascal, der ein Jahrhundert davor lebte. Auch er war ein Wunderkind und bereits als 16-Jähriger bereicherte er die Mathematik mit einer bemerkenswerten Arbeit über Kegelschnitte. Pascal war von Kindheit an kränklich. Er interpretierte seine Krankheit als ein Zeichen Gottes und begann, ein asketisches Leben zu führen, in dem Mathematik im Gegensatz zur Religion eine eher untergeordnete Rolle spielte. Er starb nur 37-jährig.

Gut bekannt ist die Anekdote um den kleinen Carl Friedrich Gauß. Eines Tages bekam er ein Strafaufgabe: Er sollte die Zahlen von 1 bis 100 aufsummieren. Indem er (andeutungsweise) die Zahlen von 1 bis 50 von links nach rechts nebeneinander schrieb und dann in einer zweiten Zeile die restlichen von 51 bis 100 von rechts nach links (wieder andeutungsweise) anführte, erkannte er, dass je zwei übereinander stehende Zahlen die gleiche Summe 101 ergab. Somit war das Ergebnis $50 \cdot 101$. Die zugehörige Summenformel wird heute noch als „der kleine Gauß" bezeichnet.

Gauß ist ein Beispiel dafür, dass mathematische Wunderkinder nicht „zwangsläufig" im späteren Verlauf des Lebens ihre Neigung zur Mathematik anderen Neigungen opfern. So wurde er zu einem der größten Mathematiker aller Zeiten. Von ihm stammt übrigens der Satz „Der Mangel an mathematischer Bildung gibt sich durch nichts so auffallend zu erkennen wie durch maßlose Schärfe im Zahlenrechnen".

**Multiplizieren
einmal anders**

Wie haben sie denn früher multipliziert?

Heute multipliziert man natürlich mit einer App auf dem Handy. Früher mit dem Taschenrechner, davor mit Rechenmaschinen, an denen gekurbelt wurde. Oder schlicht und ergreifend mit Bleistift und Papier, indem man die Regeln von Adam Ries befolgte. Sein Buch war eines der ersten Druckwerke und wurde bis ins 17. Jahrhundert mehr als Hundertmal aufgelegt. Hand aufs Herz: Können Sie das noch? Ohne viel Nachdenken und zuverlässig? Zu Ihrer Beruhigung: Mit Intelligenz hat die Sache ohnehin wenig zu tun – es handelt sich einfach um ein Rezept, mathematisch gesprochen um einen „Algorithmus". Wenn der Universalgelehrte Abu Dscha'far Muhammad ibn Musa al-Chwārizmī, der im 9. Jahrhundert in Bagdad im „Haus der Weisen" lehrte, gewusst hätte, dass später mathematische Rezepte nach ihm benannt werden würden ...

Unser Zahlensystem basiert seit der Zeit der Araber auf dem 10er-System, das von der Erfindung der Null lebt. Die Araber hatten die Null von den Indern übernommen, wo schon Hunderte Jahre vorher damit gerechnet wurde. Mit den Arabern kam die Erfindung schließlich im Europa des 12. Jahrhunderts an. Die Erfindung war so genial wie einfach: Das Anhängen einer Null bedeutet einfach eine Verzehnfachung des Werts. Dabei rutscht die vorangehende Ziffer nach links. Die Position der Ziffer spielte also eine entscheidende Rolle, sodass man mit zehn Ziffern auskam: $0, 1, 2, \cdots, 9$ (vgl. S. 131). Dazu wurden effiziente Regeln erfunden, mit denen man die Grundrechnungsarten ausführen kann. Womit wir wieder bei Adam Ries gelandet sind.

Jetzt brennt die Frage auf den Lippen: Wie rechneten dann z. B. die alten Römer? Mit dem plumpen System der römischen Ziffern ging kaum etwas weiter. Die letzte Pharaonin Kleopatra VII. wurde z. B. im Jahr 684 a.u.c. (ab urbe condita = seit der Stadtgründung Roms 753 v.Chr.) geboren. Wie alt sie wurde, berechneten die Römer dann aus ihrem Sterbedatum 723 a.u.c.: $DCCXXIII - DCLXXXIV = XXXIX$. Mathematiker könnten natürlich auch hier einen Algorithmus finden, aber der wäre so kompliziert, dass er nicht wirklich anwendbar gewesen wäre.

Des Rätsels Lösung war der Abakus – ein Rechenbrett (die Römer erfanden sogar einen Handabakus, den man unauffällig unter der Toga verschwinden lassen konnte). Durch Herumschieben von Kügelchen schafft man es tatsächlich, die Grundrechenarten durchzuführen. Ganz schön kompliziert und nicht in wenigen Zeilen erklärbar. Aber offensichtlich erstaunlich effizient und in vielen Kulturen verwendet, z. B. auch in Japan. Apropos Japan: Im Bild auf der linken Seite demonstriert eine junge Dame die Multiplikation zweier Zahlen. Die Zehnerstellen und Einerstellen werden in Abständen jeweils parallel aufgetragen, dann zählt man sämtliche Schnittpunkte und fasst deren Anzahlen auf Diagonalen zusammen. Dabei sind u. U. Zahlenüberträge nötig ...

Kann ich bitte einmal in Ruhe arbeiten? Schließlich soll in 140 Jahren eine Computersprache nach mir benannt werden!

Programmieren vor fast 200 Jahren?

Ada Lovelace – eigentlich Augusta Ada Byron King, Countess of Lovelace – lebte in der 1. Hälfte des 19. Jahrhunderts in London und war mathematisch hochbegabt. Wegen einer Krebserkrankung wurde sie allerdings nicht einmal 37 Jahre alt. Ohne ihren Vater, den Dichter Lord Byron, jemals gesehen zu haben, wuchs sie bei ihrer mathematisch interessierten Mutter auf und wurde in ihrer Jugend von Hauslehrern auch in Naturwissenschaften und Mathematik unterrichtet. Mit 17 besuchte sie den mathematischen Salon des Mathematikers und Erfinders Charles Babbage, der auch der Grund werden sollte, warum Ada in diesem Kapitel aufscheint.

Ihr späterer Mann ermöglichte ihr indirekt den Zugang zu mathematischen Bibliotheken (Frauen war der Zugang verboten), indem er dort für sie Artikel abschrieb. Heute, im Zeitalter des Internets und zahlreicher Kopiermöglichkeiten, ist das fast nicht mehr vorstellbar. Trotz dieser Unterstützung wurde es für Ada immer schwieriger, sich mit drei Kindern ihren beiden Leidenschaften, der Mathematik und der Musik, ausführlich zu widmen – so etwas wird so mancher Leserin bekannt vorkommen. Die letzten Jahre ihres Lebens soll sie sich aber von gesellschaftlichen Konventionen eher verabschiedet und u. a. mit der Entwicklung eines mathematisch ausgefeilten „sicheren" Wettsystems bei Pferdewetten beschäftigt haben (siehe dazu S. 135).

Aber zurück zur kryptischen Andeutung im Zusammenhang mit Charles Babbage, der eine „analytische Maschine" erfunden hatte, wenngleich diese zu seinen Lebzeiten nie gebaut wurde. Idee war die Berechnung von Zahlentabellen für den Einsatz in Naturwissenschaft und Ingenieurwesen. Die Idee begeisterte den italienischen Mathematiker Luigi Menabrea, der einen Artikel über die hypothetische Maschine auf Französisch verfasste. Ada Lovelace sollte diesen Artikel übersetzen, aber sie wuchs dabei über sich selbst hinaus und erweiterte diese Übersetzung durch eigene Kommentare und Weiterentwicklungen gleich auf das Doppelte. Und dabei kam etwas vor, was man heute als das erste einfache formale Computerprogramm sehen könnte: Ein schriftlicher Plan zur Berechnung der Bernoulli-Zahlen in Diagrammform (die Zahlen haben nebenbei u. a. mit der Riemannschen Zeta-Funktion S. 73 zu tun).

Die junge Lady erkannte, dass durch die Verwendung von Programmierkarten die analytische Maschine die Grenzen der schlichten Rechenmaschinen weit überschreiten könne. Ada hatte das weitaus größere Potenzial der Maschine erkannt: Sie würde nicht nur nummerische Berechnungen anstellen, sondern auch Buchstaben verarbeiten und Musik erzeugen können. Dabei unterschied sie bereits zwischen Hardware (dem physischen Teil) und Software (der Codierung der Lochkarten).
Ziemlich cool für die damalige Zeit, oder?

Alles auf Schiene!

So genial wie einfach

Warum entgleisen Züge nicht ständig? Dumme Frage: Sie fahren doch auf Schienen! Es heißt ja nicht umsonst: Die Sache ist auf Schiene. Aber die Sache hat einen genial-mathematischen (geometrischen) Hintergrund. Nicht umsonst sagt man: so genial wie einfach.

Denken wir uns eine unsymmetrische Hantel, die am Boden rollt. Die beiden „Räder" haben unterschiedliche Radien (das rechte Rad sei z. B. das größere). Stupst man die Hantel jetzt in der rechten Position an, macht diese sofort eine Drehbewegung nach links, weil ja links der kleinere Radius ist. Könnte man das nicht umsetzen, um eine „selbstkorrigierende" Hantel zu bauen? Die startet mit gleich großen Rädern. Bricht die Hantel nach rechts aus, vergrößern wir blitzschnell das rechte Rad und schon driftet die Hantel so lange nach links, bis sie wieder auf Kurs ist. Jetzt sollten die Räder wieder gleich groß sein. Hi-Tech?

Die praktische Umsetzung: Man kommt ganz ohne Hi-Tech aus, wenn man Schienen verwendet und folgenden Trick anwendet: Die Räder des Zugs müssen, wie in der Skizze links angegeben, *konisch nach außen* sein. Nun könnten sich die Radien der Berührkreise mit der Schiene genau so ändern, dass der „Hanteltrick" funktioniert. Kaum bricht der Zug nur geringfügig nach rechts aus, vergrößert sich der rechte Radius und verkleinert sich der linke. Das bewirkt eine augenblickliche Korrekturbewegung nach links. In die andere Richtung funktioniert es genauso, sodass dem Zug gar nichts anderes übrig bleibt, als exakt „auf Schiene zu bleiben" – ohne Computersteuerung.

Der Stahlkranz, den die Räder zur Sicherheit haben, ist übrigens nur für den absoluten Notfall eines abrupten seitlichen Schlages da oder kann vielleicht unterstützend eingreifen, wenn ein Zug zu schnell in eine nicht genügend geneigte Kurve fährt (Fliehkräfte!).

Apropos: Kann man damit auch Kurven fahren? Wenn die Schienen konstant gekrümmt sind, muss nur das Verhältnis der beiden Berührkreis-Radien entsprechend konstant bleiben. In der Kurve sind die Räder dementsprechend unsymmetrisch auf den Schienen. Bei der richtigen Geschwindigkeit ist das ein recht stabiler Zustand. Passt die Geschwindigkeit nicht genau, wird der Zug auf Grund von Fliehkräften oder der Schwerkraft ein wenig vom Kurs abkommen. Aber wenn man es nicht übertreibt, bringt ihn die „Selbstregulierung" rasch wieder in die richtige Position.

Leider schon Standard, sonst könnte man mit so einer Erfindung reich werden …

3

Überschlagenes

Zehnmal zum Mond
und retour ...

Acht Milliarden

Diese Doppelseite könnte eine sein, bei der der Humor gelegentlich ins Stocken kommt. Aber wenigstens ist die nebenstehende Zeichnung originell und außerdem gibt es seit relativ wenigen Jahren erste Anzeichen für eine Trendwende ...

Die Weltbevölkerung umfasste Anfang 2020 rund 7, 8 Milliarden Menschen, im Jahr 2050 werden es knapp 10 Milliarden sein. Für Menschen, die in der Schule noch eine Zahl gelernt haben, die mit 3 angefangen hat, ein bisschen erschreckend – aber der Untergang der Menschheit wird es nicht sein, zumal es objektiv gesehen dem „Durchschnittsmenschen" unseres Planeten besser geht als damals. Ob es den nichtmenschlichen Bewohnern des Planeten besser geht, muss allerdings bezweifelt werden.

Rechnen wir im Folgenden mit acht Milliarden Menschen. Stellen wir jedem Menschen einen Raum von $10\,m^2$ zur Verfügung: 80 Milliarden m^2 sind $80\,000\;km^2$, also die Fläche von Österreich. Alles halb so wild?
Machen wir eine Menschenkette. Die Menschen halten sich an der Hand und brauchen, sagen wir, pro Person einen Meter. Das ergibt acht Milliarden Meter oder acht Millionen Kilometer. Die Schlange geht sage und schreibe zweihundertmal um den Äquator! Oder (bei ca. 400 000 km Distanz) zehnmal zum Mond und zurück.

Die Erdbevölkerung nimmt jährlich um ca. 75 Millionen zu, also fast um die Bevölkerung Deutschlands. „Netto." Das Jahr hat 30 Millionen Sekunden. Also: Jede Sekunde (!) kommen ca. zweieinhalb Erdenbürger dazu.

Jetzt zu einer Kehrseite der Medaille: Wir haben in den letzten Jahrzehnten 8 Milliarden Tonnen Plastik angehäuft, Tendenz stark steigend. Plastik schwimmt bekanntlich gern im Meer, ist also leichter als Wasser. 8 Milliarden Tonnen entsprechen in etwa dem Volumen 12 Milliarden m^3. $1\;km^2$ hat 1 Million m^2, folglich können wir mit dem gepressten Plastik ein Land mit $12\,000\;km^2$ einen Meter dick pflastern, oder meinetwegen ganz Deutschland mit 3 cm. Zwischen China und den USA treibt der „Great Pacific Garbage Patch" herum, der bereits ein Mehrfaches der Fläche Deutschlands erreicht hat, aber auf Grund der obigen Überlegungen weniger als 1 cm Dicke im Durchschnitt haben kann. Beruhigend.

Bei großen Zahlen sollte man immer aufpassen und Überschlagsrechnungen machen. In Kolontár (bei Ajka in Ungarn) brach z. B. im Oktober 2010 der Damm eines Teichs, der voll mit giftigem Aluminiumschlamm gefüllt war. Die Nachricht jagte um die Welt. Dabei wurde kolportiert (und ist gelegentlich noch heute im Internet zu finden): Eine Fläche von $40\,000\;km^2$ sei überschwemmt worden (das wäre fast die halbe Fläche Ungarns). Tatsächlich waren es (immerhin noch stattliche) $40\;km^2$, die im Schnitt 3 cm bedeckt waren. Was sind schon drei Nullen? Politiker verwechseln die Zehnerpotenzen jeden Tag.

Inverser giant impact

Wenn der Mond ein Teil der Erde wäre ...

Denken wir uns den Mond aus lauter Wasser bestehend. Würden wir diese riesige Wasserkugel (mit $1/4$ des Durchmessers der Erde) über die Ozeane gießen, um wie viel würde der Wasserspiegel steigen?

Spontan könnte man jetzt sagen: Schon wieder so ein nutzloses Beispiel, das sich Mathematiker einfallen lassen, um Leute damit zu quälen. Aber Sie werden gleich sehen, dass die Sache in mehrfacher Hinsicht interessant ist.

Also – der Mond war ja einmal (vor mehr als vier Milliarden Jahren) Teil der Erde – bis zu einem gewaltigen Einschlag (neuerdings geht man sogar von bis zu 20 solchen Einschlägen aus). Dann ist doch die Frage interessant: Wie viel größer war die Erde vor diesem „deep impact"? Mathematisch gesehen ist das genau dasselbe wie die vermeintlich sinnlose Frage am Anfang (man hat übrigens erst vor Kurzem nachgewiesen, dass es sehr wohl auch Wasser auf dem Mond gibt, wenn auch in gefrorenem Zustand und unterirdisch).

Zwischenrechnung: Die Ozeane bedecken knapp $3/4$ der Erde und sind durchschnittlich 4 km tief. Man könnte also grob sagen: Wenn die Erde keine Landmasse hätte und 3 km mit Wasser bedeckt wäre, käme in etwa dieselbe Wassermasse heraus.

Um wie viel würde also das Wasser steigen? Sehr schwer zu schätzen. Aber einer einfachen Rechnung durchaus herauszukriegen:

Dadurch, dass der Mond $1/3, 7$ des Durchmessers der Erde hat, hat er $\frac{1}{3,7^2} \approx 1/14$ der Oberfläche und $\frac{1}{3,7^3} \approx 1/50$ des Volumens der Erde. Das Erdvolumen steigt beim Umverteilen um den Faktor $51/50 \approx 1,02$, also 2%. Der Radius der Erdkugel würde demnach um $\sqrt[3]{1,02} \approx 1,007$ steigen. (Ein geübter Kopfrechner braucht dazu keinen Taschenrechner: Der geringe Überschuss von 2% schrumpft beim Ziehen der dritten Wurzel annähernd auf ein Drittel.) Der Erdradius würde also um $0,7\%$ größer werden. Dass der Erdradius gut $6\,000$ km ist, wissen wir hoffentlich noch aus der Schule. $0,7\%$ davon sind 42 km. Die Ozeane wären dann immerhin (oder doch „nur"?) – grob geschätzt – 45 km tief.

Bei der Entstehung des Mondes wurden also 42 km von Mutter Erde „abgetragen" – vornehmlich von der weniger dichten Oberfläche, weswegen der Mond auch nur $1/81$ (und nicht $1/50$) der Erdmasse hat. Seine Dichte beträgt also etwa $5/8$ der Dichte der Erde.

Die Anziehungskraft an der Oberfläche eines Himmelskörpers nimmt einerseits mit der dritten Potenz des Radius zu (Massenzuwachs), anderseits mit dem Quadrat des Radius ab (Entfernung vom Massenmittelpunkt). Auf der Mondoberfläche ($1/3, 7$ Radius der Erde) würde man daher $1/3, 7$ der Anziehungskraft wie auf der Erde ($1/3, 7\,g$) erwarten. Weil der Mond aber eine um ca. $5/8$ geringere Dichte hat, ist die Anziehung nur etwa $1/6\,g$.

Aufholjagd

Der richtige Ansatz erspart viel Rechenarbeit

B ei so mancher nützlicher Rechnung zahlt es sich aus, den Hausverstand einzusetzen. Mit ein bisschen Kopfrechnen kommt man dann oft erstaunlich schnell zum Ziel (oder, wie beim folgenden Beispiel 1, langsam...).

B eispiel 1: Zwei Jogger A and B laufen ein klassisches Langstreckentempo von $3,5$ m/s (das ergibt eine Zeit von etwas unter fünf Minuten pro Kilometer). Läufer A will dann doch wieder nach Hause zurücklaufen, während der ehrgeizige Läufer B noch ein Ziel in 300 Meter Entfernung ansteuert, um dann auch umzukehren.

B ist klar, dass er, wenn er A wieder einholen will, ab dem Zeitpunkt der Trennung schneller laufen muss, also läuft er ein doch relativ forsches Tempo von 4 m/s (und braucht dadurch nur mehr 250 Sekunden, also gut vier Minuten, für einen Kilometer). „Wir sehen uns gleich wieder", sind seine Abschiedsworte. Wann aber ist „gleich"?
Man kann das Beispiel kompliziert angehen, aber mit dem richtigen Ansatz ist die Rechnung ein „Einzeiler": B holt nämlich jede Sekunde $1/2$ m auf und dementsprechend braucht er $1\,200$ Sekunden. „Gleich" bedeutet im konkreten Fall also 20 Minuten!

B eispiel 2: Wie lange dauert ein Überholvorgang, wenn das langsamere Auto 90 km/h und das schnellere 108 km/h fährt, und wie viele Meter benötigt der Vorgang?
Der Geschwindigkeitsunterschied ist 18 km/h, also 5 m/s (Division durch $3,6$, weil eigentlich Multiplikation mit $1\,000$ und anschließende Division durch $3\,600$). Autos sind durchschnittlich knapp 5 m lang, 15 m vorher sollte man ausscheren und 15 m nachher darf man wieder auf die richtige Spur. Das macht 35 m, die man überwinden muss. Dafür braucht man sieben Sekunden. In dieser Zeit fährt das schnellere Auto (30 m/s) 210 m.

B eispiel 3: Die wievielfache (negative) Erdbeschleunigung muss man aushalten, wenn man vom 10-Meter-Brett ins Wasser springt?
Man ist 10 m lang 1 g ausgesetzt und taucht bei einem sauberen Kopfsprung maximal 4 m ein, muss also $2,5$-mal schneller verzögern ($-2,5$ g). Die Acapulco-Springer haben nur eine Wassertiefe von $3,6$ m zum blitzschnellen Abrollen, bei über 35 m Sprunghöhe. Das sind dann schon -10 g.
Nach zwanzig Metern freiem Fall nur $0,7$ m Knautschzone zur Verfügung zu haben (-28 g), ist dasselbe wie mit einem Fahrzeug mit 72 km/h gegen eine Mauer zu fahren. Da nützt auch Anschnallen nichts mehr. Manche Insektenflügel müssen bis zu 300 g aushalten. Allerdings enthalten diese Körperteile keine wichtigen Organe.

Zumindest auf der Erde bewirkt freier Fall Schwerelosigkeit, und die Haare stehen wegen des Luftwiderstands zu Berge.

Ein Jahr im freien Fall

Noch eine Rechnung mit großen Zahlen. Manchmal hört man den Ausdruck: „Die Wirtschaft befindet sich seit Monaten im freien Fall." Wie schnell sind wir, wenn wir ein Jahr lang so beschleunigen, dass wir jede Sekunde um 10 Meter pro Sekunde schneller werden (das ist dann die Erdbeschleunigung, also $1\,g$)? 30 Millionen Sekunden mit einem Zuwachs von 10 m/s ergibt $300\,000$ Kilometer pro Sekunde. Lichtgeschwindigkeit!

Natürlich ist das eine rein theoretische Rechnung, weil die Physik ja lehrt, dass wir die Lichtgeschwindigkeit nie erreichen und schon gar nicht überschreiten können. Auch kann keine Raumsonde aktiv ein Jahr lang beschleunigen, weil der Treibstoff bald ausginge. Aber Raumsonden können mit der Anziehung von Himmelskörpern „arbeiten" (der kurze englische Ausdruck dafür lautet *swing-by*). Die Sonden Voyager 1 und Voyager 2 wurden nicht zufällig im Jahr 1977 auf die Reise geschickt. In diesem Jahr war die Konstellation der großen Planeten Jupiter, Saturn und Uranus so günstig, dass die Sonden immer wieder neuen Schwung an ihnen holen konnten.

Mittlerweile haben die Sonden den Rand unseres Sonnensystems überschritten. Im Moment gibt es kaum Kräfte, die auf sie wirken, außer die latente Anziehung durch das schwarze Loch im Zentrum unserer Galaxie, die durch die Rotation um dieses Zentrum wettgemacht wird. Der letzte große Planet, Neptun, ist $4,5$ Milliarden Kilometer von der Sonne entfernt. Dafür braucht das Sonnenlicht ein paar Stunden, Voyager 2 knapp 12 Jahre. Aber nachher ist es ziemlich einsam …

Wenn man aus einem Heißluftballon aus 40 km abspringt, bremst einen die Atmosphäre praktisch nicht. Nach 35 Sekunden freiem Fall $(1\,g)$ erreicht man eine Geschwindigkeit von 350 Metern pro Sekunde und ist damit schneller als der Schall.

Wenn man fast zwei Minuten in einer Rakete mit $10\,g$ beschleunigt (das ist echt grenzwertig!), erreicht man die magische Geschwindigkeit von $11\,200$ m/s (das sind etwa $40\,000$ km/h), die man braucht, um das Schwerefeld der Erde für immer verlassen zu können. (Die Rechnung dazu führen wir nicht an, aber sie ist vergleichsweise gar nicht so kompliziert.)

Umgekehrt schlagen Meteoriten und Astroiden „gerne" mit ähnlichen Geschwindigkeiten auf der Erde ein, weil der Vorgang auch umgekehrt werden kann. Hier wird potenzielle Energie in kinetische Energie umgewandelt. So einem Vorgang verdanken wir es, überhaupt die Erde zu bevölkern (die Saurier hätten das sonst nicht zugelassen, aber sie sind durch den gewaltigen Einschlag vor 66 Millionen Jahren ausgestorben).

Kann es da etwas
Gemeinsames
geben??

Wie schwer ist ein Marienkäfer?

Das Volumen eines Würfels berechnet sich aus Länge mal Breite mal Höhe. Ein Würfel mit der Seitenlänge 1 cm hat also ein Volumen von 1 cm³: Ein zehnmal so großer Würfel hat schon $10 \times 10 \times 10 = 1\,000$ cm³. Das Volumen steigt also mit der dritten Potenz des Vergrößerungsfaktors. Wenn beide Körper dieselbe Dichte haben (z. B. die von Wasser), gilt die Aussage mit der dritten Potenz auch für die Massen. Und wenn man jetzt noch daran denkt, dass man *jeden beliebigen* Körper durch sehr viele kleine Würfelchen beliebig genau annähern kann, gilt die Sache folglich „für alle Körper, die zueinander ähnlich sind".

Googeln wir mal ein paar Werte von größeren Meeressäugern: Gemeiner Delfin: 2 m, Masse 100 kg. Blauwal: 30 m, 200 Tonnen. Mit etwas gutem Willen sieht ein Blauwal wie ein (schlanker) vergrößerter Delfin aus. In der Maximalversion ist so ein Blauwal 15-mal so lang wie ein Delfin. Dann müsste er $15 \times 15 \times 15 \approx 3\,000$-mal soviel wiegen, also über 300 Tonnen. Die Größenordnung dieser Schnellabschätzung passt so halbwegs, zumal ja Blauwale wirklich schlanker sind. Machen wir die Probe mit einem dickeren Wal, dem Buckelwal (14 m, 30 Tonnen): Hier ist der Vergrößerungsfaktor zum Delfin 7. Mit $7 \times 7 \times 7 \approx 350$ kommen wir auf 35 Tonnen. Nicht schlecht.

Die Standardwerte (Länge 2 m, Masse 100 kg) könnten auch „menschliche Daten" sein, auch wenn ein zwei Meter großer Mensch schon recht schlank sein müsste, um „nur" 100 kg Masse zu haben. Wie schwer müsste dann ein (schlanker) 1, 50 m großer Mensch sein? Verkleinerungsfaktor ist 3/4; zur dritten Potenz erhoben kommen wir auf 27/64, also etwas weniger als die Hälfte: 45–50 kg. Passt eigentlich auch. Säugling: 50 cm, Faktor 1/4; der dürfte dann nur 1/64 von 100 kg Masse haben, also nicht einmal 2 kg. O. k., die Größenordnung stimmt, aber hier ist offenbar zu berücksichtigen, dass Babys im Verhältnis viel kürzere Beine haben.

Gehen wir einen Schritt weiter und testen wir mit einem Nicht-Säugetier mit halbwegs vergleichbar Gestalt: Wie schwer ist eine Honigbiene? Körperlänge 15 mm, also 100-mal kleiner als unser 150-cm-Mensch. Das ließe theoretisch eine Masse von 50 mg erwarten. „In der Praxis" haben Bienen so um die 90 mg. Bienen haben ja auch kurze Beine, man hätte sie wohl eher mit einem Säugling (50 cm/4 kg) vergleichen können. Man muss neidlos zugestehen: Die Formel passt gar nicht schlecht ...

Wie sieht's mit einem Elefanten (4 m, 6 t) aus? Strecken wir noch schnell seine Beine nach hinten aus (6 m), damit wir besser vergleichen können. Dann sieht er schon weniger dick aus – fast wie ein Sumo-Ringer. Vergleichen wir ihn zunächst mit unserem Basketballspieler: Dreimal so lang ergibt knapp 30-mal so viel Gewicht, also 3 Tonnen. Na ja, der Basketballspieler wiegt ja auch nur die Hälfte eines 2 Meter großen Sumo-Ringers. Hausübung: Ein Marienkäfer sieht so halbwegs wie ein Elefant aus. Messen Sie seine Länge ab und bestimmen Sie seine Masse ...

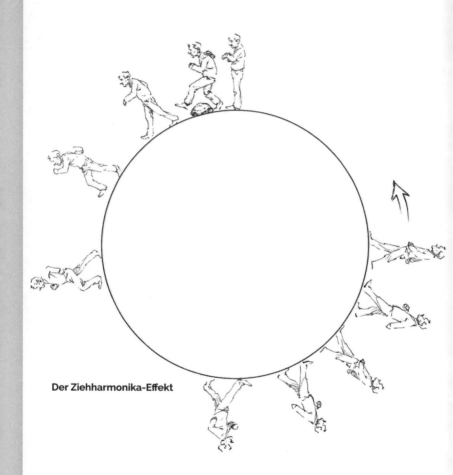

Der Ziehharmonika-Effekt

Vom Stau-Effekt und anderen Choreografien

Klassische Situation auf der Autobahn: Eine Kolonne von 5 Autos will bei erlaubten 130 km/h an zwei Lastwägen, die 100 km/h fahren, vorbei. Der hintere Lastwagenfahrer hat schon ein paar Sekunden lang nicht in den Rückspiegel geschaut und glaubt, den Bummler vor ihm überholen zu müssen. Das erste Auto reduziert nach einer halben Schrecksekunde die Geschwindigkeit. Es ist aber eben diese halbe Sekunde zu lange zu schnell gefahren, und jetzt muss es schon deutlich unter 100 abbremsen, damit sich die Sache noch ausgeht; sagen wir, auf 90 km/h. Der Flitzer dahinter sieht die Bremslichter des Vordermanns aufleuchten und tritt nach einer weiteren halben Schrecksekunde auf die Bremse. Weil er aber während der Reaktionszeit seines Vordermanns zusätzlich zu seiner Reaktionszeit 130 gefahren ist, muss er jetzt schon auf, sagen wir, 80 runter. Sie wissen schon, was der dritte Lenker machen muss (70), und dann erst der vierte (60) und der fünfte (50) …

Wenn alles glimpflich verlaufen ist und der Lastwagen endlich überholt hat, fluchen alle ein wenig auf den „blöden Lastler" und das Spiel geht von vorne los. Jetzt ist *viel* Platz vor dem ersten Lenker, er beschleunigt wieder auf 130. Der hinter ihm musste ja mehr abbremsen, will aber gleich wieder aufschließen, beschleunigt somit schon mehr. Der dritte Fahrer will sich nicht lumpen lassen und lässt seine PS spielen, um endlich wieder 130 fahren zu können, der vierte Motor röhrt geradezu lustvoll, und der fünfte Fahrer testet, ob sein Bolide wirklich von 50 auf 130 in 10 Sekunden beschleunigen kann …

Was lernen wir aus diesem alltäglichen Spielchen? Hätten die fünf langsamer fahren sollen? Nein, das war schon o.k. (es war ja erlaubt, so schnell zu fahren). Es war nicht die Geschwindigkeit, es war *der zu geringe Abstand* zwischen den Fahrzeugen – auch wenn der natürlich von der Geschwindigkeit abhängt. Bei mehr Abstand ist das Auffahren nicht so tragisch, und man muss nicht zusätzlich mit der Geschwindigkeit runter.

Deshalb „funktioniert" der Ziehharmonika-Effekt auch in der Marschkolonne im Schritttempo: Wenn eine Gruppe von Personen sich in zu engem Abstand durch schwierigeres Gelände kämpft, kommt die vorderste Person halbwegs gleichmäßig voran, während die hinteren ständig kurz stehenbleiben und dann nachhasten müssen. Lösung des Problems: Mehr Abstand lassen!

Möglichst kleinen konstanten Abstand wollen auch Fische und Vögel im Schwarm halten. Das gibt Schutz. Wo viel potenzielle Beute ist, da sind auch die Jäger nicht weit. Wird ein Schwarm an irgendeiner Stelle angegriffen, wird dasjenige Individuum, das dem Räuber am nächsten ist, die Gefahr als Erstes erkennen und panikartig fliehen. Die anderen wissen meist gar nicht genau, was los ist, aber sie haben einprogrammiert, dem Flüchtenden sofort zu folgen. Allerdings gibt es da diese Reaktionszeit, und die erzeugt im gesamten Schwarm den Ziehharmonika-Effekt. Ohne Leittier und ohne Choreografie.

4

Widersprüchliches

Δεν μπορώ να το κάυω!*

Εάν δεν το σκεφτόταν
τόσο πολύ,
δεν θα ήταυ πρόβλιμα.**

* Ich schaffe das nicht!   ** Wenn er nicht so viel denken
                              würde, wäre es kein Problem ...

Das ist doch paradox!

Ein Paradoxon ist eine Aussage, die der Erwartung zuwiderläuft oder widersprüchlich wirkt. Das „Skalierungs-Paradoxon", mit dem wir noch zu tun haben werden, gehört in diese Kategorie.

H ier beschäftigen wir uns mit einer Frage, die dem altgriechischen Philosophen Zenon von Elea vor knapp 2 500 Jahren offenbar schlaflose Nächte beschert hat. Die Fragestellung ist denkbar einfach: Eine Schildkröte bewegt sich mit konstanter Geschwindigkeit von meinetwegen 1 Meter pro Sekunde (diese Zahl ist natürlich etwas hoch gegriffen, aber das ist hier nicht wesentlich) und hat 10 m Vorsprung. Ein schneller Läufer (in Zenons Beispiel der berühmte Achilles) bewegt sich 10-mal so schnell. Wann holt unser Held die Schildkröte ein?

M it „moderner Rechentechnik" ist das Problem rasch gelöst, doch die alten Griechen liebten das Beschreiben von Gedankenvorgängen. Folgende Beschreibung hat offenbar „einen Haken": Wenn der Läufer die Stelle erreicht, wo die Schildkröte gestartet ist, ist diese $1\,m$ weitergekrochen. Wenn unser Sprinter diese neue Position des Reptils erreicht, ist dieses $0,1\,m$ weiter gekrochen. Wenn der Athlet diese neue Position des Kriechtiers erreicht, ist diese $0,01\,m$ weitergekrochen usw. Man kann das unendlich oft wiederholen, der Vierbeiner ist immer voran. Also kann die Schildkröte nie eingeholt werden!?

Der Fehler in diesem Gedankengang ist eigentlich nur die Schlussfolgerung: Mit den unendlich vielen Sätzen wird nämlich nur ein sehr begrenzter Zeitraum beschrieben: $1\,s + 0,1\,s + 0,01\,s + \cdots = 1,1111\,s$. Was *nach* diesem Zeitraum passiert, ist eine andere Sache …

E in typisches Paradoxon des Alltagslebens, das womöglich schon zu mancher Diskussion unter physikalisch unterschiedlich gebildeten Hausbewohnern geführt hat, ist das „Entfeuchtungsproblem":
Der immerkühle Keller eines Hauses ist zu feucht und alles, was man dort abstellt, verrottet über kurz oder lang. Die physikalisch Unbedarften glauben das Problem in den Griff zu bekommen, indem sie den Keller an besonders warmen Tagen gut lüften – schließlich nimmt warme Luft mehr Feuchtigkeit auf als kalte, und das Haareföhnen funktioniert ja auch wunderbar mit Warmluft.
Die gut gemeinte Aktion macht die Sache aber nur noch schlimmer: Die warme Luft, die ja draußen genug Zeit hatte, viel Feuchtigkeit aufzunehmen, kommt jetzt in den kalten Keller und gibt dabei Feuchtigkeit ab …
Manche beratungsresistente Mitbewohner ignorieren allerdings solche Erklärungen. Auf Tage zu warten, an denen die Luft draußen kälter ist als die Kellerluft, ist ja auch wirklich zu viel verlangt.

Wenn wir noch höher gehen, können wir die Eier gleich roh hinunterschlingen!

Eier am Himalaya

Wenn man ein Ei drei Minuten lang kocht, ist es weich gekocht, nach zehn Minuten kochen wird es zum hart gekochten potenziellen Osterei. Oder?

Die Sache ist keineswegs so einfach. Zumindest zwei Komponenten spielen eine substanzielle Rolle:

Erstens: die Größe der Eier. Haben Sie mal vom Biobauern „live" (ohne Sortieren in Gewichtsklassen) eine Box mit Eiern angefüllt bekommen? Da schwankt die Größe beträchtlich, noch viel mehr schwankt das Volumen (das steigt ja mit der dritten Potenz!), das erhitzt werden soll. Das Erhitzen geht nur über die Oberfläche, und die steigt nur mit dem Quadrat des Maßstabs. Konkret: Ein Ei mit dem 1, 5-fachen Durchmesser braucht auch 1, 5-mal so lang, um die gleiche Konsistenz zu erreichen wie das kleinere Ei. Ein Straußenei mit dreifachem Durchmesser (27-fachem Volumen, 9-facher Oberfläche) muss man gleich dreimal so lang kochen, um eine vergleichbare Konsistenz zu erzielen.

Zwar nicht gekocht, aber immerhin konstant warm (37–38 Grad Celsius) sollten Vogeleier gehalten werden, um den Embryos ihre Entwicklung zu ermöglichen. Straußeneier werden von der Sonne heißer Halbwüsten ausgebrütet, bei kleinen Vögeln genügt es offenbar, sich immer wieder mal draufzusetzen – Vögel haben eine Körpertemperatur von bis zu 42°. Knapp darüber wird's dann schon kritisch für die Proteine im Hirn.

Zweitens: Die Temperatur, bei der Wasser zu sieden beginnt, hängt stark vom Luftdruck ab (Flüssigkeiten beginnen zu sieden, wenn ihr Gasdruck den Außendruck übersteigt). Der Luftdruck beträgt am Meeresspiegel 1 bar. In Mexiko City oder Addis Abeba herrschen nur 0, 8 bar, in der höchstgelegenen dauerhaften Siedlung der Erde (einem Goldgräbercamp in Bolivien in 5 500 Metern Seehöhe) herrscht nur mehr der halbe Luftdruck (1/2 bar), in der Todeszone am Mount Everest (über 8 000 m) sind es nur noch 1/3 bar. Dort geht nach mehreren Stunden nichts mehr ohne zusätzlichen Sauerstoff. Im Übrigen: Sauerstoff wird bei erhöhtem Außendruck gefährlich. Das musste einer der Pioniere des Tauchens, Hans Hass, fast mit seinem Leben bezahlen. Erst seither weiß man über diesen Umstand Bescheid und berechnet den sogenannten Partialdruck des Sauerstoffs für die verschiedenen Luftgemische beim Tieftauchen.

Aber zurück zum geringen Luftdruck in den hohen Bergen: Bei 0, 8 bar siedet Wasser bei etwas über 90°, bei 1/2 bar bei circa 80°, bei 1/3 bar gar erst bei 70°. Bei 70° kann man Eier nur noch schwer weich, geschweige denn hart kochen.

Wenn man noch deutlich höher hinaufgeht (z. B. 20 000 Meter mit einem Heißluftballon), kann man die Eier gleich roh runterschlingen, vorausgesetzt allerdings, dass man einen Schutzanzug trägt: In dieser Höhe beginnt nämlich sonst das eigene 37-gradige Blut zu sieden …

Autsch!

Wie macht man aus der Mücke einen Elefanten?

Kennen Sie das berühmte surreale Bild von Salvador Dali „Die Versuchung des heiligen Antonius"? Die Versuchungen sitzen dort auf riesigen Elefanten und Pferden mit langen, spindeldürren, fast mückenartigen Beinen ...

Reale Elefanten haben *wirklich dicke* Beine, Mücken ganz und gar nicht – auch wenn sie vollgesogen ganz schön dick erscheinen. So eine gefährliche Bestie (Mücken gehören zu den wenigen Tieren, welche diese Bezeichnung verdienen) kann 50 mm^3 Blut aufnehmen und hat dann bei einer Körperlänge von 1,2 cm an die 50 mg Masse, also ein Vielfaches der „Trockenmasse". Ein großer Elefant ist 400 Mal so lang (Skalierungsfaktor $k = 400$) und sollte bei ähnlichem Körperbau $50 \cdot k^3$ mg = 3,2 Tonnen Masse haben (das Volumen und damit bei vergleichbarer Dichte die Masse steigt mit der dritten Potenz von k). In Wirklichkeit wiegt er sogar mehr – nicht zuletzt wegen der dicken Beine. Die Körperdichte ist vergleichbar: Das Mückenblut stammt ja womöglich sogar vom unfreiwilligen Spender.

Aber warum braucht der Koloss dermaßen dicke Beine bzw. warum kommt die Mücke mit einem Bruchteil des Querschnitts locker zurecht? Biologen haben durch Messungen herausgefunden, dass Muskelkraft nicht proportional zum Volumen steigt, sondern vom Querschnitt abhängt, und der steigt bekanntlich nur quadratisch (k^2). Das größere Tier hätte also nur $1/k$ der Kraft in den Beinen, wenn es Mückenbeine hätte. Salvador Dali war das natürlich egal, und das war gut so: Diese Ungereimtheit ist wohl einer der Gründe, warum das Bild so einzigartig ist.

Um gleich viel Kraft in den Beinen zu haben wie die Mücke, müsste der Elefant im Verhältnis 20 Mal so dicke Beine haben: Es ist ja $20^2 = 400 = k$. Na ja, könnte hinkommen, nachdem wir ihn ja mit der vollgesogenen Mücke verglichen haben, die immerhin mit einem Vielfachen ihres Eigengewichts herumfliegen muss.

Apropos fliegen: Könnte Dumbo auch fliegen – zumindest so unbeholfen wie das randvolle Insekt? Eher nicht, werden Sie sagen. Eine Mücke schlägt immerhin mehrere hundert Mal pro Sekunde mit den Flügeln. Dumbos Flügel (aber bitte nicht die Ohren) brauchen Fläche: Ebenfalls im Verhältnis 20 Mal so viel. Irgendwo ist da wohl eine physikalische Grenze erreicht.

Jetzt aber eine letzte berechtigte Frage: Warum können dann Dumbos Verwandte, die Jumbo-Jets, fliegen (noch dazu ohne Flattern)? Das Geheimnis ist die Geschwindigkeit: Jumbo kann erst fliegen, wenn er auf etwa 300 km/h beschleunigt hat. Ab dieser Geschwindigkeit klinkt sich ein weiteres Paradoxon ein, nämlich das aerodynamische: Wenn wir es irgendwie schaffen, die Luftströmung auf der Oberseite des Flügels größer als die auf der Unterseite zu machen, entsteht ein Druckgefälle, welches das 300 Tonnen schwere Ungetüm scheinbar mühelos in die Höhe hebt.

Eine kleinere Kugel hat doch auch einen viel kleineren Luftwiderstand!?

Size matters: Von Luftbläschen und Kometen

Wenn Sie einen Tauchkurs machen, sagt man Ihnen, was man beim Tauchen niemals machen sollte: zu schnell aufsteigen. Als praxistaugliches maximales Richtmaß gilt die offenbar konstante Aufsteigegeschwindigkeit der kleinen Luftbläschen. Beim nächsten Mal Tauchen sehen Sie es: Große Luftblasen entschwinden bald Ihrem Blickfeld! Sie haben ja viel mehr Volumen und verdrängen daher viel mehr Wasser, was nach Archimedes zur Auftriebskraft führt. Da nützt es auch nichts, dass kleinere Bläschen weniger Wasserwiderstand haben. Der nimmt nämlich nur mit dem Quadrat des Kugelradius zu (zweidimensionaler Querschnitt), während das (dreidimensionale) Volumen mit der dritten Potenz ansteigt (immer noch alles Archimedes). Weil das Ganze relativ langsam abläuft (alle drei Sekunden sind die Bläschen einen Meter höher gewandert), lässt sich das leicht überprüfen. Die Geschwindigkeit ist eine Höchstgeschwindigkeit, weil die Auftriebskraft genauso groß ist wie die Widerstandskraft des Wassers.

An Land haben wir zwei Probleme: Erstens haben wir in der Schule gelernt, dass im Vakuum mehr oder weniger alles gleich schnell fällt (von der Vogelfeder bis zur Eisenkugel), zweitens haben wir deutlich weniger Widerstand, sodass Kugeln und Kügelchen so schnell beschleunigen, dass wir sie bald aus den Augen verlieren. Die Höchstgeschwindigkeit (Gleichgewichtszustand zwischen Gewicht und Luftwiderstand) wird erst viel später erreicht und ist subjektiv viel schwerer zu erfassen.

Die Frage, ob eine kleine Kugel schneller zur Erde fällt als eine große aus demselben Material, ist dennoch der Bläschen-Frage sehr verwandt: Die große fällt schneller, weil beim Vergrößern einer Kugel der Querschnitt langsamer zunimmt als das Volumen (und damit Gewicht). Aber die Unterschiede sind in der Anfangsphase (etwa den ersten 10 Metern) marginal. Spannend wird es, wenn man die Endgeschwindigkeit betrachtet, bei der der Luftwiderstand dem Gewicht paroli bietet! Da ist die kleine Kugel deutlich langsamer. Die Wasserkügelchen im Sprühregen fallen deshalb viel langsamer als normale Regentropfen.

Im Extremfall vergleichen wir ein Eisenkügelchen und einen Kometen. Während das Eisenkügelchen je nach Größe sicher nicht mehr als meinetwegen 30 m/s erreicht, schert sich der Komet keinen Deut um den Luftwiderstand und kracht mit mehreren Kilometern pro Sekunde auf die Erdoberfläche.

Vergleichen wir zum Abschluss die große Kugel aus leichtem Material (z. B. Holz) und eine kleinere Kugel aus Eisen. Wenn die Holzkugel nicht groß genug ist, verleiht die höhere Dichte der Metallkugel (Gewicht = Volumen × Dichte) dieser den entscheidenden Turbo und damit eine höhere Endgeschwindigkeit. Aber: Die Größe ist letztendlich doch entscheidend, und ab einem gewissen Grenzwert ist die Holzkugel uneinholbar ...

Wie kann das schwere Ding in der Luft bleiben?

Ohne Geschwindigkeit geht nichts

Alle haben schon einmal die Handfläche beim Autofenster hinaus gehalten und beim Verändern des Anstellwinkels gemerkt, dass hier starke Kräfte wirken. Bei hoher Geschwindigkeit ist dieser Versuch schon recht riskant, weil Ihr Arm sofort nach hinten gerissen wird, sobald Sie nur ein bisschen aufkanten. Allerdings haben Sie damit noch nicht das Geheimnis gelüftet, warum ein tonnenschweres Flugzeug in der Luft bleibt: Wenn das nämlich zu stark „aufkantet", fällt es vom Himmel.

Beim Schlagwort *aerodynamisches Paradoxon* fällt Ihnen vielleicht ein Versuch aus Ihrer Jugend ein, den Sie zu jeder Zeit nachvollziehen können. Man halte ein Blatt Paper möglichst waagrecht vor den Mund. Es wird dort, wo sie es nicht halten, „kraftlos" zu Boden sinken. Wenn Sie aber kräftig *an der Oberseite* darüberpusten, hebt sich das Papier in Richtung der Waagrechlen – bis Ihnen die Puste ausgeht. Wenn Sie die Versuchsanordnung perfektionieren und einen Haarfön verwenden, bleibt das Papier auch viel länger in der Luft. Sie haben nämlich oben eine viel höhere Luftgeschwindigkeit als unten (dort ist sie sogar Null), und eine höhere Luftgeschwindigkeit erzeugt einen Sog – so wie bei einem Wirbelsturm, wo Hausdächer wie schwerelos abheben.

Hier endet zumeist die Erklärung zum Flugzeug mit dem finalen Satz: Durch die Tragflügelform habe der Luftstrom, der am Flügel vorbeizieht, oben einen längeren Weg, also eine höhere Geschwindigkeit als unten, was wegen des Paradoxons einen Sog nach oben erzeugt.

Mag sein. Aber die Flügel der heutigen Verkehrsflugzeuge haben einen fast symmetrischen Querschnitt und die Sache funktioniert trotzdem perfekt. Irgendwie ist das mit dem „längeren Weg an der Oberseite" nicht ausreichend.

Was in der verkürzten Erklärung fehlt, ist die *scharfe Kante* am Ende des Profils. Wenn nämlich Luft mit hoher Geschwindigkeit an so einer Kante vorbeiströmt, entstehen Luftwirbel hinter der Kante. Und wo ein Wirbel, da ein Gegenwirbel. Durch Versuche hat man herausgefunden, dass dieser Gegenwirbel unter dem Tragflügel beginnt und um das abgerundete vordere Ende herum auf die Oberseite gelangt. Das verlangsamt die Geschwindigkeit unten und erhöht sie oben: Also *Druck* von unten und *Sog* von oben. Das hält die Giganlen in der Luft. Was man aber immer braucht, ist eine gewisse Mindestgeschwindigkeit.

Der Helikopter holt sich – bei vergleichbarem Profil – die Geschwindigkeit aus der Rotation der Rotorblätter. Vögel und Insekten durch entsprechendes Schwirren der Flügel (je kleiner, desto höher die Frequenz). Das Ganze funktioniert sogar unter Wasser: Man denke an die Brustflossen der Hochseehaie, die ohne aktives Schwimmen absinken würden. Im zäheren Wasser bilden sich Wirbel viel leichter, und ein gemächliches Schwimmen erzeugt schon ausreichende Wirbel an der Hinterkante der Brustflossen.

Du kriegst mich doch nicht!

Ein Zauberband

Wie schreibt Goethe in seinem *Epirrhema*?
Müsset im Naturbetrachten
Immer eins wie alles achten.
Nichts ist drinnen, nichts ist draußen;
Denn was innen, das ist außen.

N ehmen wir einen rechteckigen, nicht allzu breiten Papierstreifen her und zeichnen zum besseren Verständnis auf der Vorderseite und Rückseite mit verschiedenen Farben oder auch Stricharten die Mittellinie ein. Nun verdrehen wir ein Ende des Streifens um 180° und verbinden die beiden Enden dann miteinander. Die Mittellinie schließt sich dadurch, allerdings stoßen die verschiedenen Farben bzw. Stricharten für Vorder- und Rückseite zusammen. Schon ist ein klassisches *Möbiusband* fertig. Und dieses hat eine bemerkenswerte Eigenschaft: Es ist „nicht orientierbar", d. h., man kann nicht zwischen Innen- und Außenseite unterscheiden. Wenn man die Mittellinie auf beiden Seiten nicht unterschiedlich eingezeichnet hat, erkennt man auch keinen Übergang zwischen den beiden Seiten der Schleife. Der linke Rand der Oberseite ist gleichzeitig der rechte Rand der Unterseite, und die Ränder gehen nahtlos ineinander über. Ganz schön verwirrend …

D em Fuchs sagt man Schläue nach, dem Hasen Schnelligkeit. Wird der Fuchs den Hasen erwischen? Wenn beide gleich schnell laufen, passiert dem Hasen ohnehin nichts – beide sind einander immer diagonal gegenüber. Läuft der Hase schneller, wird er irgendwann den Fuchs überrunden, aber beide merken es nicht, weil sie auf verschiedenen Seiten des Bandes laufen. Irgendwann wird der Hase seinen Vorsprung so weit vergrößert haben, dass er auf die Seite des Fuchses geraten ist, allerdings hat er diesen nun *vor sich*. Weil er womöglich immer nur panisch nach hinten schaut, braucht der Fuchs eigentlich nur auf ihn zu warten …

W ollen Sie Ihre Zuseher ein bisschen verblüffen? Das Möbiusband ist auch ein kleines „Zauberer-Utensil": Wenn Sie vorsorglich mit einem Schneidemesser den ursprünglichen Papierstreifen in der Mitte zart angeritzt haben, können Sie das verklebte Möbiusband nachträglich leicht in zwei Hälften trennen. Sie erhalten dann einen doppelt so langen und halb so breiten Streifen, der „doppelt gekringelt" ist. Der neue Streifen hat wieder zwei klar unterscheidbare Seiten – nichts mehr mit Möbius.

Weil es so leicht geht, basteln Sie nun noch einmal ein Möbiusband. Klammheimlich haben Sie den Streifen, den Sie dazu verwenden, diesmal so manipuliert (gedrittelt), dass Sie ihn zweimal parallel zur Mittellinie angeritzt haben. Nach dem Verkleben trennen Sie die Streifen. Es bleibt ein schmäleres Möbiusband übrig, aber in ihm verkettet hängt nun wieder ein zweifach verdrehter Streifen, der kein Möbiusband ist.

5

Integrierendes

Differenzieren oder Integrieren?

Mathematikerwitz (verkürzt): E-hoch-x sieht auf der Sinus-Party ein bisschen gelangweilt aus: Er kann sich nicht richtig integrieren. Kosinus hat damit keine Probleme (auch wenn man ständig von ihm verlangt, dass er sich integriert) und darf so richtig mitmachen.

D er Witz ist natürlich nur für Leute lustig, die Integralrechnung in der Schule hatten (das werden immer weniger): Es gilt nämlich

$$\int \cos x \, dx = \sin x \quad \text{bzw.} \quad \int e^x \, dx = e^x.$$

Aber wir wollen was aus dem Witz lernen – das Buch ist ja nicht nur für Mathematiker geschrieben, sondern für alle, die Mathe einfach faszinierend finden.

Vorab: Differenzieren und Integrieren sind inverse Operationen, die einander gegenseitig aufheben können – ein bisschen so wie Addieren und Subtrahieren bzw. Multiplizieren und Dividieren. Deshalb folgt aus

$$\int \cos x \, dx = \sin x$$

sofort

$$\cos x = (\sin x)',$$

indem man beide Seiten der Gleichung differenziert.

D er Witz zeigt einiges auf: So ist die Exponentialfunktion e^x eigentlich eine wahre Besonderheit, weil sie die einzige Funktion ist, die, wenn man sie integriert oder differenziert, unverändert bleibt:

$$\int e^x \, dx = e^x, \quad (e^x)' = e^x.$$

Damit wäre e^x getrost als „Königin der Funktionen" zu bezeichnen, auch wenn sie im Witz männlich ist ...

D ie ominöse Zahl $e = 2,71828\cdots$, nach Leonhard Euler benannt, spielt in der Mathematik eine ähnlich zentrale Rolle wie die Kreiszahl $\pi = 3,14159\cdots$. Letztere braucht man unter anderem, um den Kreisumfang, die Kreisfläche oder das Kugelvolumen zu berechnen.

Die Eulersche Zahl e steckt in mindestens ebenso vielen wichtigen Berechnungen drinnen, wobei man dafür allerdings schon ein bisschen fortgeschrittener sein muss. Oft muss man dann schon die sogenannte imaginäre Einheit $i = \sqrt{-1}$ mit ins Spiel nehmen. So gilt z.B. die „wunderschöne" Beziehung:

$$e^{i\pi} = -1.$$

I m Übrigen braucht sich E-hoch-x nicht viele Gedanken ums Integrieren zu machen: Immerhin gilt

$$e^{ix} = \cos x + i \sin x,$$

sodass er Kosinus *und* Sinus unter einen Hut bringt.

Sinus und Kosinus sollen außerdem nicht so „auf unterschiedlich" tun: Sie sehen nämlich genau gleich aus, nur sind sie ein bisschen phasenverschoben.

Wie soll sich das bis zum Abend ausgehen?

Die Probleme eines Genies

Gottfried Wilhelm Leibniz war ein Zeitgenosse Newtons, hatte also so um 1700 seine Schaffensperiode. Und was für eine! Er hatte eigentlich nur zwei Probleme: Erstens war da sein chronischer Zeitmangel. Nachdem er sich nächtens wieder neue tolle Dinge ausgedacht hatte, musste er tagsüber hart arbeiten, um all das in geordneter Form zu Papier zu bringen. Und das ging 365 Tage im Jahr so. Angeblich sind bis heute manche seiner zahllosen Aufzeichnungen noch nicht vollständig aufgearbeitet.

Falls jetzt auch jemand aus der Leserschaft Ähnliches über sich sagen könnte: Bei besonders produktiven Menschen trifft das häufig zu. Denken Sie auch gelegentlich: „Newton ist tot, Einstein ist tot und mir wird auch schon so übel ...“?
Geht Ihnen jetzt das zweite Problem ab? Das erinnert an den Witz: „Es gibt nur zwei Arten von Mathematikern: Die, die bis zwei zählen können."

Hier also Gottfried Wilhelms zweites Problem: Es gab da diesen berühmten Prioritätsstreit mit Newton. Man muss dazusagen, dass es in Zeiten ohne Internet und ähnlich schneller Kommunikationsmöglichkeiten ziemlich oft passiert ist, dass zwei Talente an ein und demselben Problem getüftelt haben, ohne dass die jeweils andere Person überhaupt davon wusste. Gewisse Dinge lagen (und liegen) eben in der Luft und werden auf verschiedene Arten angepackt.

Aber was war das Problem? Newton hat bereits 1666 die Grundzüge der Infinitesimalrechnung entwickelt, allerdings erst über 20 Jahre später veröffentlicht. Leibniz entwickelte 1675 auf unterschiedliche Art sein heute noch übliches Konzept. Damals wurde die Sache in der mathematischen Welt recht aufgebauscht und es kam zu gegenseitigen Plagiatsvorwürfen. Heute ist klar, dass die beiden unabhängig voneinander zu vergleichbaren Konzepten kamen. Man spricht im Zusammenhang mit dem Fundamentalsatz der Analysis vom *Satz von Newton-Leibniz*.

Leibniz war einer der letzten Universalgelehrten und nicht nur ein „Mathematik-Nerd". Er war einer der bedeutendsten Philosophen seiner Zeit und galt als Vordenker der Aufklärung. Auch in der Biologie mischte er mit: Als Pionier der Paläontologie hatte er bereits ein Jahrhundert vor Darwin Vorstellungen von einem Artenwandel durch Evolution. Er korrespondierte mit mehr als 1 000 Personen und schrieb 15 000 Briefe, die heute zum UNESCO-Weltdokumentenerbe zählen.
Viel Privatleben dürfte da nicht übriggeblieben sein, aber solchen Genies ist das glücklicherweise nicht so wichtig.

**Vier Äpfel, zweieinhalb Birnen und
die Riemannsche Zeta-Funktion**

Wie alt ist der Kapitän?

Jeder kennt einen Witz der Art: „Ein Schiff fährt vom Standort A mit zunächst 30 km/h zum 120 km entfernten Hafen B. Nach der halben Strecke muss es wegen hohen Wellengangs eine Stunde lang die Geschwindigkeit auf 20 km/h verringern, um dann wieder die ursprüngliche Geschwindigkeit aufnehmen zu können. Wie alt ist der Kapitän?"

Das Lustige dabei ist die völlig unerwartete bzw. an den Haaren herbei-gezogene Frage am Ende, nachdem man schon ein bisschen Hirnschmalz verwendet hat, um rasch die erwartete richtige Antwort geben zu können.

Studierende der Mathematik können offenbar noch ein bisschen mehr über Folgendes lachen (und Leute, die den einen oder anderen Fachausdruck nicht kennen, lachen trotzdem mit): „Hans und Susi gehen in den Supermarkt und kaufen zusammen 6 Äpfel und 4 Birnen. Beim Verlassen des Geschäfts schenkt Susi einem Obdachlosen je einen Apfel und eine Birne. Hans isst auf dem Nachhauseweg einen Apfel und eine halbe Birne. Wie groß ist das Integral der Riemannschen Zeta-Funktion längs des Einheitskreises?"

Manche völlig unerwartete Fragen lassen sich aber durch scheinbar verwirrende Einleitungen beantworten: „Ein Bär wandert 20 km nach Süden, dann 20 km nach Westen und schließlich 20 km nach Norden, wobei er seinen Ausgangspunkt erreicht. Welche Farbe hat der Bär?"
Nach kurzem Nachdenken ist klar, dass der Bär am Nordpol gestartet sein muss und folglich ein Eisbär ist.

Probieren wir noch etwas anderes:
Man denke sich eine beliebige Zahl zwischen 1 und 10. Diese multipliziere man mit 9 und bilde vorn Produkt die Ziffernsumme. Nun zähle man von dieser Summe noch 5 ab. Der so erhaltenen Zahl entspricht ein Buchstabe im Alphabet (der Zahl 5 entspricht z. B. E). Zu diesem Buchstaben denke man sich eine Frucht und auch ein Land in Europa, das nicht an die Schweiz grenzt. Nun zur Frage: Was haben Datteln mit Dänemark zu tun?

Ein Mathematiker kann bei so einer Fragestellung erst wieder zur Tagesordnung übergehen, wenn er beweisen kann, dass bei der ganzen Herumrechnerei immer die Zahl 4 (und damit der Buchstabe D) herauskommen muss. Dann haben nämlich die Befragten wenig Möglichkeiten, denn außer einer Dattel fällt kaum jemandem eine andere Frucht mit D ein, und bei den Ländern scheidet die zweite mögliche Antwort Deutschland aus, weil es an die Schweiz grenzt.

Man muss also nur zeigen, dass zumindest die ersten zehn Vielfachen von 9 die Ziffernsumme 9 haben, die dann – um 5 verringert – die gewünschte Zahl 4 ergibt. Bevor man hier die ganze Zahlentheorie bemüht, probiert man es einfach für die Zahlen 9, 18, … , 81, 90 aus.

**Von Sinuslinien und
logarithmischen Spiralen ...**

Wie lang ist eine Kurve?

Wenn eine Motte spiralförmig um eine Lampe fliegt oder wenn ein Betrunkener längs einer klassischen Sinuslinie nach Hause torkelt: Wie lange ist sein Weg?

Spiralkurven oder Sinuskurven: Eine Kurve im mathematischen Sinn ist nur bedingt das, was ein Autofahrer darunter versteht. Jede gekrümmte Linie oder Kurve ist, wie auch immer sie sich windet, in der Mathematik ein *eindimensionales Objekt*. Wenn ein „nulldimensionales Pünktchen" in so einer Kurve Achterbahn fährt, legt es natürlich eine Wegstrecke zurück. Die wird dann als *Bogenlänge* bezeichnet.

Der Kreis ist wohl die erste Kurve, die uns einfällt. Die Formel für den Umfang eines Kreises kennen auch alle, die in der Schule sechs Jahre positiv abgeschlossen haben – sie sprudelt ohne langes Nachdenken heraus: $U = 2r\pi$. Eigentlich sollte man ja sagen $U = 2\pi r$, weil 2π eine Konstante ist und r der variable Radius (man sagt ja auch $2 \cdot x$ und nicht $x \cdot 2$). Bei der Zahl π leuchten die Augen auf: Jeder findet es faszinierend, dass es diese so unglaublich wichtige Zahl gibt, die einen ominösen Wert $3,14159...$ hat, wobei jede weitere Kommastelle völlig unvorhersehbar ist. Die Zahl wurde erstmalig von Archimedes ziemlich genau bestimmt. Eine exakte Konstruktion für π gibt es aber nicht, auch wenn sich die alten Griechen das sehr gewünscht hätten – im Gegensatz dazu ist z. B. $\sqrt{2} = 1,414...$ ganz leicht als Diagonale im Quadrat mit der Seitenlänge 1 zu konstruieren, obwohl auch dort die nächste Kommastelle unvorhersehbar ist.

Von welcher anderen Kurve gibt es eine leicht anwendbare Formel für die Bogenlänge? Die Liste ist erstaunlicherweise extrem kurz! Eine der ganz wenigen Kurven – aber die ist dafür ein wahres Prachtexemplar – ist die logarithmische Spirale. Wir sehen sie auf vielen Ornamenten oder auch, wenn wir von oben auf ein Schneckenhaus schauen. Theoretisch windet sie sich wieder und wieder um ihr Zentrum, und immer, wenn wir eine noch stärkere Lupe heranziehen, sieht sie gleich aus. Trotz dieser zumindest theoretisch *unendlich vielen* Wicklungen ist die gesamte Bogenlänge dieser Kurve *nicht unendlich*. Wenn unser null-dimensionales Pünktchen also mit konstanter Geschwindigkeit in seinem eindimensionalen Spiral-Tunnel fährt, ist es trotz der unendlich vielen Windungen relativ bald am Ziel angelangt. In der Schmetterlingspraxis ist die Reise schon früher zu Ende, weil die Lampe ja die meisten Windungen in der Nähe des Zentrums physikalisch nicht zulässt. Schmetterlinge fliegen oft wirklich längs logarithmischer Spiralen, weil sie einen konstanten Kurswinkel zu den Lichtstrahlen einhalten, um vermeintlich gerade zu fliegen.

Unser Betrunkener hat auf seiner sinusförmigen Wegstrecke übrigens nur einen gut $1/5$ längeren Weg als auf einer Geraden. Das kann man allerdings nur näherungsweise berechnen, indem man die Sinuslinie durch ein paar Hundert kurze Strecken annähert. Das muss man in Ermangelung einfacher Formeln ohnehin mit fast jeder Kurve machen ...

Jack in the box

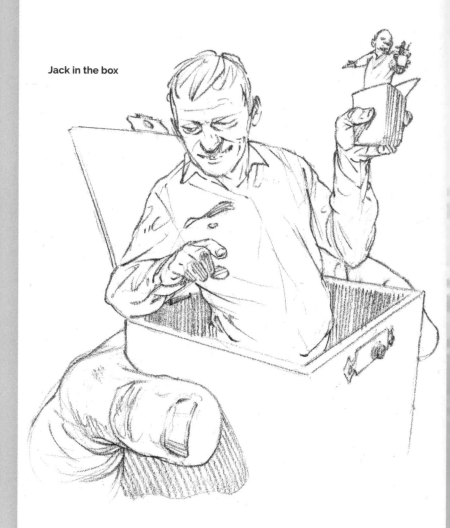

Rekursion und potenzielle Endlosschleifen

Die nebenstehende Zeichnung erinnert Sie natürlich an das Cover des Buchs. Das war die ursprüngliche Version zum Thema „Endlosschleife", bis wir uns in einer weiteren Iterationsstufe für eine Einbindung Einsteins am Cover entschieden. Also nicht nur „Jack in the box", sondern mit zusätzlichem Wiedererkennungswert – schließlich ist Einstein auch für seinen Humor bekannt.

Hier passt auch dazu, dass Einstein in einer langen Warteschleife für den Nobelpreis stand. Im denkwürdigen Jahr 1905 hatte der 26-jährige „technische Experte 3. Klasse" am Patentamt in Zürich gleich vier bahnbrechende wissenschaftliche Arbeiten geschrieben: die berühmteste war natürlich die spezielle Relativitätstheorie. Weil aber Mitglieder der Kommission jahrelang die Theorie anzweifelten und so die Zuerkennung des Nobelpreises verhinderten, musste man ihm den Preis letztendlich 16 Jahre später für eine andere Arbeit aus der 1905er-Serie verleihen, damit die Endlosschleife eine Abbruchbedingung bekam.

Stellen Sie sich vor, Sie wüssten an dieser Stelle nicht, was eine Endlosschleife ist. Also sehen Sie im Stichwortverzeichnis nach, in der Hoffnung, dass Sie einen weiteren Eintrag finden, wo dann genauer erklärt wird, was darunter zu verstehen ist. Dumm wäre allerdings, wenn dort z. B. stünde: „Endlosschleife, siehe Rekursion" und bei Rekursion fänden sie dann „Rekursion, siehe Endlosschleife".

Rekursion leitet sich aus dem Lateinischen ab und bedeutet so etwas wie Rücklauf. In der Programmiertechnik gehören rekursive Prozeduren zu den elegantesten aber auch am schwersten zu verstehenden Abläufen.

Nehmen wir als Beispiel wieder einmal unsere Fibonacci-Zahlen (S. 117) her. Wenn man zwei aufeinanderfolgende Fibonacci-Zahlen – z. B. f_1 und f_2 – kennt, kann man die darauffolgende Zahl $f_3 = f_1 + f_2$ als Summe der beiden Zahlen ermitteln. Nun kennt man ein neues Paar f_2 und f_3 aufeinanderfolgender Zahlen, und die nächste ergibt sich als $f_4 = f_2 + f_3$ usw. Tatsächlich müssen die Zahlen so berechnet werden, weil es keine Formel zur Berechnung gibt.

Ein zweites Beispiel: Die *Schneeflockenkurve* ist rekursiv wie folgt definiert: Man nehme ein gleichseitiges Dreieck. Dann teile man jede Seite des Dreiecks in drei gleich große Teile und setze jeweils auf das mittlere Drittel wieder ein gleichseitiges Dreieck. Überall am Umriss verfährt man nun in gleicher Weise und setzt auf jede Seite des neu entstandenen Gebildes wieder gleichseitige Dreiecke in gewohnter Manier auf. Schon nach wenigen Rekursionen wird die Sache extrem aufwändig, und der Umriss wird immer komplizierter. Man kann sogar nachweisen, dass seine Länge unendlich groß wird. Das bringt uns zum Thema der nächsten Doppelseite: Fraktale.

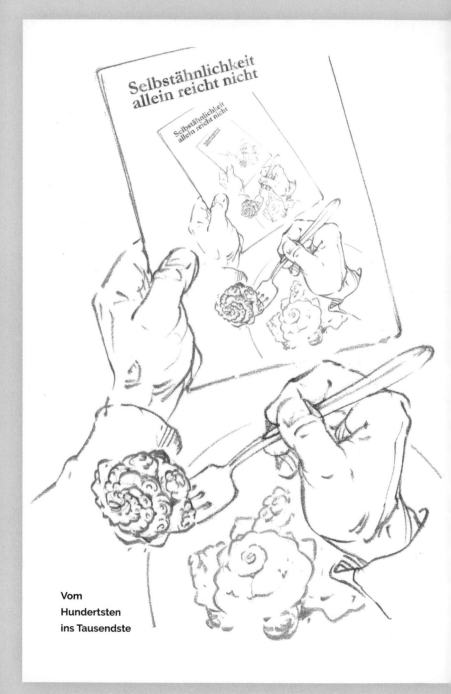

Vom
Hundertsten
ins Tausendste

Was genau ist nun wirklich ein Fraktal?

Bis zum Jahr 1975 wusste niemand, was ein Fraktal ist. Der Name ist nämlich eine Kreation des Mathematikers Benoît Mandelbrot, der bestimmte natürliche oder künstliche Gebilde oder geometrische Muster so benannte. Zunächst schien es eher um programmiertechnische Spielereien zu gehen, bis Mandelbrot sein Werk „Die fraktale Geometrie der Natur" veröffentlichte.

Fraktale müssen „Selbstähnlichkeit" besitzen, aber auch „Skaleninvarianz" (man kann im Fraktal beliebig zoomen, und es sollte dann immer noch i. W. gleich aussehen). Klassische Beispiele für Fraktale im streng mathematischen Sinn sind die „Schneeflockenkurve" (siehe dazu die vorangegangene Doppelseite) und die „Apfelmännchen", auch unter *Mandelbrotmenge* bekannt. Man kann auch mit rein mathematischen Formeln Gebilde erzeugen, die dem Aussehen eines Farns täuschend nahe kommen.

Bemerkenswert ist, dass sich die Umrisse der Fraktale beim Zoomen immer weiter auflösen, egal, welchen Vergrößerungsfaktor wir wählen. Laut Definition ist es dadurch unmöglich, jemals den gesamten Umfang eines Fraktals anzugeben, außer man gibt sich mit dem Ausdruck „unendlich lang" zufrieden. In diesem Zusammenhang sagt der Mathematiker: „Gewöhnliche Kurven" haben eine messbare Länge und können als „eindimensional" bezeichnet werden.

Fraktale Kurven liegen mit ihrer Dimension irgendwo zwischen eins und zwei (der Umriss füllt ja nie die gesamte Fläche aus). Ohne dass es jetzt nachvollziehbar sein muss: Die Schneeflockenkurve hat die Dimension $1,26$ – falls man sich irgendetwas darunter vorstellen kann. Das ist noch einigermaßen nahe bei 1.

Wenn man ein bisschen toleranter ist und Selbstähnlichkeit und Skaleninvarianz nur „bis zu einem gewissen Grad" verlangt, findet man Fraktale recht häufig in der Natur: Formen von Küstenlinien und Flüssen, Verästelungen von Pflanzen, Blutgefäßen und Lungenbläschen, ja sogar die Verteilung von Sternhaufen in Galaxien passen plötzlich ins Konzept. Wenn man z. B. den Ast eines Farns vergrößert, erkennt man, dass dieser weitere Seitenästchen hat, die durchaus noch dem Gesamteindruck des Farns entsprechen.

Zoomt man solche Seitenästchen heran, sieht die Sache schon anders aus, und bei noch stärkerer Vergrößerung ist es aus mit der Selbstähnlichkeit. Muss ja auch sein, sonst hätte der Farn einen unendlich langen Umfang. Oder eine Wolke: Große Wolken bestehen oft aus vielen kleinen, ihnen durchaus ähnlichen Wolken, aber irgendwann, wenn man näher hinkommt, sieht man nur noch Wassertröpfchen. Faszinierend bleibt die Sache allemal, und man kann durchaus sagen, dass die Natur einen „fraktalen Charakter" hat.

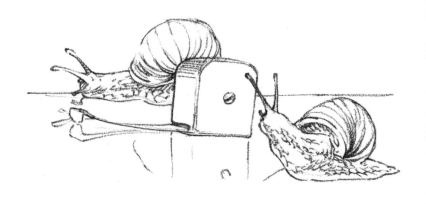

6

Messtechnisches

Ein Faden um die Erde ...

40 000 001 m

Bis vor nicht allzu langer Zeit war ein Meter definiert als ein Zehn-Millionstel der Entfernung vom Äquator zum Nordpol. Ein Meridian der Erde hatte also exakt $40\,000\,000$ m. Der Äquator ist wegen der nicht absolut perfekten Kugelform der Erde 21 Meter länger. Die Erde ist (allerdings immer noch „grob gesprochen") ein abgeplattetes Ellipsoid. Der Wulst um den Äquator ist die Folge der Eigenrotation der Erde, und er ist mitverantwortlich für die Kreiselbewegung („Präzessionsbewegung") der Erde: im Lauf von $26\,000$ Jahren rotiert die vermeintlich fixe Drehachse der Erde längs eines Kegels, dessen Achse normal zur Bahnebene der Erde ist.

Heute ist ein Meter über die konstante Lichtgeschwindigkeit im Vakuum definiert, und zwar ganz genau als $1/299792458$ jener Strecke, die das Licht in einer Sekunde zurücklegt. Natürlich kann man getrost sagen: Die Lichtgeschwindigkeit beträgt $300\,000$ km pro Sekunde. Bemerkenswerterweise ist dann ein Lichtjahr keine Zeiteinheit, sondern jene *Strecke*, die das Licht in einem Jahr zurücklegt. Wie jeder in einer Minute ausrechnen kann, hat das Jahr 30 Millionen Sekunden, wodurch ein Lichtjahr 9 Billionen km beträgt.

Das Lichtjahr ist fürs Weltall eine gute Längeneinheit. Während das Licht nur 8 Minuten von der Sonne zu uns braucht, ist der nächste Stern bereits 4 Lichtjahre entfernt, der hellste Stern (Sirius) $8,6$ Lichtjahre, die meisten Sterne, die wir mit freiem Auge sehen, sind höchstens ein paar Hundert Lichtjahre entfernt.

Aber kehren wir zum Äquator mit seinen $40\,000$ km Umfang zurück. Sagen wir, die Erde sei eine glatt polierte Kugel ohne Ozeane, und es wäre bereits ein Faden um den Äquator gespannt. Nun heben wir den Faden gleichmäßig ein bisschen von der Oberfläche ab. Dann muss er länger werden. Und jetzt die Schätzfrage: Wenn der Faden genau einen Meter länger ist, wie viel ist er dann von der Oberfläche abgehoben? Wenn Sie die Antwort nicht kennen, schätzen Sie wahrscheinlich viel zu niedrig.

Aber hier die Rechnung: Wir peilen den neuen Radius an. Den Radius erhält man, indem man den Umfang durch 2π dividiert. Für $U = 40\,000\,000$ m stellt sich der Erdradius von $R = U/(2\pi) = 6370$ km ein. Verlängern wir U um 1 m, dann kommen $1/(2\pi) \approx 0,16$ m dazu, also 16 cm. Das ist wahrscheinlich deutlich mehr, als Sie geschätzt haben, stimmt's? Und Sie erkennen: Eigentlich ist es egal, wie groß der Ausgangsradius der Kugel war: Selbst bei einem kleinen Kügelchen hebt der Faden 16 cm ab, wenn wir ihn um einen Meter verlängern …

In Syene und 5 000 Stadien weiter nördlich ...

Die Vermessung der Welt

Unsere Erdkugel ist doppelt gekrümmt. Jeder Schnitt einer vertikalen Ebene mit der Erdkugel liefert einen Kreis, der denselben Radius bzw. Umfang hat wie der Äquator oder die Meridiane durch die Pole.

Hinweise auf die Kugelgestalt gab es schon in der Antike: So berichteten Seefahrer, die entlang der westafrikanischen Küste Richtung Äquator segelten, von einem sich ständig verändernden Sternenhimmel.
Ein Zeitgenosse des Archimedes, Eratosthenes von Alexandria, berechnete den Meridianradius schon vor mehr als 2 200 Jahren wie folgt:

Der antike Ort Syene lag ziemlich genau am nördlichen Wendekreis (in der Nähe des heutigen Assuan). Es war wahrscheinlich weithin bekannt, dass es dort einen Brunnen gab, in dem sich die Sonne am Tag der Sommersonnenwende beim Hineinschauen zu Mittag im Spiegelbild genau hinter dem eigenen Kopf befand, die Sonnenstrahlen also senkrecht in den Brunnen fielen. Eratosthenes stellte nun durch erstaunlich genaue Messung fest, dass zur selben Zeit in Alexandria – 5 000 Stadien (800 km) genau nördlich davon – der Einfallswinkel (vom Lot aus gemessen) $1/50$ des gesamten $360°$-Winkels war (heute würde man

sagen: $7,2°$). Dies führte ihn zur richtigen Annahme, dass dann der Meridian die 50-fache Strecke besagter 800 km sein müsse, also 40 000 km …

Kürzeste Verbindungen

Messen wir längere Distanzen (z. B. den Weg eines Flugzeugs von A nach B), dann betrachten wir die vertikale Ebene durch A und B – sie enthält neben A und B den Erdmittelpunkt –, in der wieder so ein „Großkreis" (mit 40 000 km Umfang) liegt. Der kürzere Bogen dieses Kreises ist, wie die Mathematik nachweisen kann, die kürzeste Strecke von A nach B. Im Wesentlichen sollten also Flugzeuge längs dieser Route fliegen, es sei denn, nicht allzu weit entfernte „Jet-Streams" (mit günstigen Rückenwinden) sind vom Spritverbrauch her günstiger.

Solche kürzesten Verbindungen gehen also keineswegs entlang von Breitenkreisen (außer am Äquator): Wenn ein Milliardär partout von Kuwait (30. Breitengrad) nach Houston in Texas (ebenfalls 30. Breitengrad) fliegen will, wird sein Flugzeug also nicht genau nach Westen entlang des Breitengrads fliegen, sondern weit in den Norden. Die Ersparnis macht im konkreten Fall 1 450 km aus und ermöglicht gerade noch einen Direktflug mit einem Großflugzeug. Die Landeerlaubnis hängt allerdings vom jeweiligen Präsidenten ab …

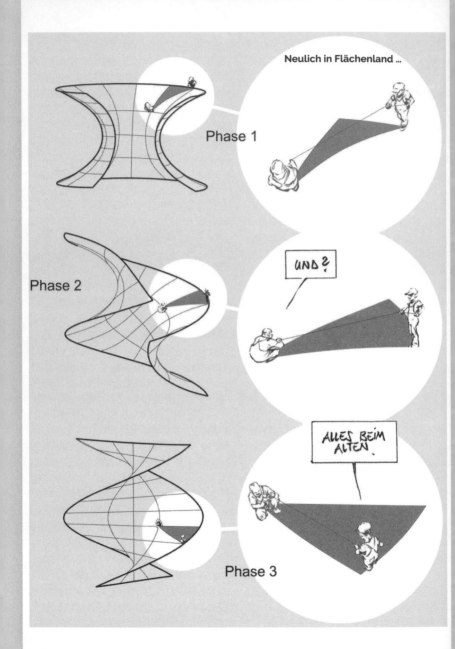

Spannende Flächen für Minimalisten

Die Kugel ist schon etwas Besonderes. Wie auch immer man sie durch den Mittelpunkt anschneidet, es kommt immer das Gleiche heraus: ein Großkreis. Aber auch jeder andere ebene Schnitt liefert einen Kreis. Mathematiker gehen sogar so weit, dass sie nachweisen, dass selbst dann ein Kreis herauskommt, wenn die Ebene die Kugel nicht trifft – die Schnittkurve ist dann „imaginär". Kugeln entstehen im Weltall, wenn Himmelskörper einen Durchmesser haben, der größer als 500 km ist. Die Körper sind ja zumeist innen noch flüssig und die Gravitation formt Kugeln daraus. Im Kleinen entstehen auch Kugeln (z. B. Tautropfen oder Seifenblasen), dann aber aus ganz anderem Grund: Die Oberflächenspannung formt einen Körper mit minimaler Oberfläche bei maximalem Volumen.

Tauchen wir ein dünnes Drahtgebilde in Seifenlauge und ziehen es wieder heraus, entstehen schillernde Gebilde, die in Sekundenbruchteilen halbwegs stabile Endlagen einnehmen – sogenannte Minimalflächen. Die Seifenblasen sind die einzigen *geschlossenen* Flächen dieser Art, alle anderen Flächen umschließen kein Volumen, aber ihre Form wird ebenfalls von der Oberflächenspannung bestimmt.

Die Theorie der kein Volumen umschließenden Minimalflächen ist eine echte Herausforderung für Mathematiker.

Immerhin kann man Folgendes sagen: Sei P ein beliebiger Flächenpunkt und E jene Ebene, welche die Fläche in P berührt. Dann schneidet E die Fläche nach zwei Kurven, die sich in P immer senkrecht schneiden. Und jetzt geht es erst richtig los: Hat man einmal eine Minimalfläche gefunden, dann lässt sich diese stets so verbiegen, dass die Minimaleigenschaft erhalten bleibt. Aus einer Fläche kann man so eine ganze Schar von Flächen erzeugen.

Jetzt kommt ein typischer Mathematiker-Gedankengang: Nachdem wir auch nicht merken, dass wir auf einer Kugel leben, könnte man sich jetzt intelligente Wesen denken, die auf einer Minimalfläche leben. Sie vermessen ihre Welt, ähnlich wie wir es tun: Sie messen Winkel und „Strecken" (Distanzen), die im Allgemeinen natürlich gekrümmt sind (ohne dass sie es merken). Das Bild auf der gegenüberliegenden Seite zeigt es: Die Wesen würden gar nicht merken, dass sich ihre Trägerfläche beim Verbiegen ändert: Winkel und Distanzen ändern sich nicht! Was wie ein Hirngespinst klingt, ist in der Natur zu sehen – etwa wenn sich eine Braunalge oder Weichkoralle in der Meeresströmung wiegt. Ihre relativ stabile Oberfläche hat dabei ständig in guter Näherung die Form einer Minimalfläche und kann ohne Zerrungen und Stauchungen zwanglos verbogen werden ...

One-Way-Ticket

Auch Ameisen haben Optimierungsprobleme

Stellen Sie sich vor, Sie sind ein umtriebiger Politiker. Wahlveranstaltungen und Werbekampagnen hier und dort. Kein Tag ohne Reisen von A nach B nach C usw. Kann man das nicht optimieren? Wenn Sie, sagen wir, vier Orte besuchen müssen, kann man das natürlich noch „händisch": Man kennt alle Distanzen, nämlich AB, AC, AD, BC, BD und schließlich CD. Sie sehen schon, vier Orte erfordern schon einigen Aufwand: Alleine, wenn Sie immer von A wegfahren, könnten sie die Orte schon in sechs verschiedenen Reihenfolgen abklappern: ABCD, ABDC, ACBD, ACDB, ADBC, ADCB. Aber das Bilden von sechs Summen, um sich die kürzeste rauszusuchen, ist nicht wirklich ein Problem.

Jetzt stellen Sie sich vor, dass Sie 20 oder 30 Orte ansteuern müssen. Die Komplexität „explodiert" geradezu. Immer müssten Sie die Summe aller Strecken vergleichen und das Minimum heraussuchen. Das Argument „wozu haben wir den Computer" liegt auf der Hand, aber es stellt sich heraus, dass schon bei wenigen Dutzend Zwischenpunkten selbst die besten Computer hoffnungslos überfordert sind. Die „Holzhammer-Methode" ist für eine größere Anzahl also unbrauchbar. Deswegen haben sich schon viele Mathematiker, Physiker, Informatiker usw. mit dem „Problem des Handlungsreisenden" beschäftigt und versucht, eine bessere Lösung zu finden. Dementsprechend gibt es Strategien, die das Problem mit ein paar Tricks zumindest bewältigbar machen.

Spannend ist eine Lösung, die von den Ameisen abgeschaut wurde. Ameisen mögen als Individuen nur beschränkte Intelligenz besitzen, aber ihre Stärke liegt darin, Abertausende Informationen zu einer „Schwarmintelligenz" zusammenzufassen. Aber wie soll das im konkreten Fall funktionieren?

Sagen wir, Ameisen schwärmen von einem Anfangspunkt P in Richtung eines Endpunkts Q aus, um eine neue Futterquelle zu erschließen. Insekten wie Ameisen oder Bienen haben eine bemerkenswerte Gabe: Sie können „im Prinzip" ihre Richtung beibehalten, auch wenn sie dazwischen immer wieder Hindernissen ausweichen müssen. Treffen sie auf so ein Hindernis, versuchen sie einfach nach dem Zufallsprinzip, es zu umgehen. Dabei hinterlassen sie eine Duftspur, die sich mit der Zeit verflüchtigt. So gibt es von P nach Q jede Menge Duftspuren, die schön langsam ausdünnen. Die Spur jener Ameisen, die zufällig den optimalen Weg gefunden haben, ist am wenigsten verflüchtigt. Wollen also Ameisen umgekehrt von P nach Q werden sie so einer Spur folgen. Vielleicht „verschnüffeln" sie sich zwischenzeitlich immer wieder, aber retour ist es schon deutlich leichter. Und so geht es weiter: Je mehr Versuche gestartet werden, desto effizienter wird eine neue Ameisenstraße etabliert, die P und Q optimal verbindet.

Es war natürlich eine Herausforderung, dem Computer das „Erschnüffeln" beizubringen ...

Käpt'n, unsere Pendeluhr
funktioniert nicht mehr!

Wie spät ist es??

GPS gibt es erst seit vergleichsweise sehr kurzer Zeit. Navigieren war bis dahin eine hohe Kunst – ob mit Schiffen, zu Land oder auch mit Flugzeugen. Man denke an die beiden Südpol-Expeditionen des Südsommers 1911/12, bei denen die Norweger unter Amundsen und die Engländer unter Scott auf völlig verschiedenen Wegen versuchten, ihre jeweilige Nationalflagge am südlichsten Punkt der Erde ins ewige Eis zu pflanzen. Scott fand zu seinem Entsetzen Amundsens Flagge bereits gehisst. Präziser hätte man offenbar nicht navigieren können. Um auch hundertprozentig zurückzufinden, hatte Amundsen Schneehügel errichtet, in denen jeweils die genaue Position sowie Richtung und Entfernung zum vorhergehenden Hügel deponiert waren. Scott hätte das auch tun sollen – seine Mannschaft erfror auf dem Rückweg, nur 18 km vom Basislager-Depot entfernt.

Wie kann man ohne GPS feststellen, wo auf der Erde man sich befindet? Wenn man zum Südpol will, muss man, solange es eben geht, nach Süden – der Kompass wird in der letzten Phase unzuverlässig, weil der magnetische Südpol deutlich vom geographischen abweicht. Der Höhenwinkel zum (in diesem Fall südlichen) Himmelspol – den man über die Sterne findet, solange es nicht 24 Stunden lang Tag ist – gibt die geografische Breite an. Wenn die Sonne scheint, dann ist sie, wenn man genau am Südpol steht, 24 Stunden lang unter demselben Höhenwinkel zu sehen. Für Amundsen und Scott galt es, mehrmals täglich mit einem Sextanten und einem künstlichen Horizont Höhenwinkel zu bestimmen. Die Ergebnisse mussten ständig nachjustiert bzw. überprüft werden, sobald das Wetter es erlaubte.

Die Ermittlung des Breitenkreises war trotzdem leichter als die des Längenkreises, vor allem bei Entdeckungsfahrten über die endlosen Weiten der Ozeane. Solange es nur Pendeluhren gab, die bei jedem größeren Sturm den Geist aufgaben, war es nicht möglich, etwa Folgendes zu sagen: Als ich von Santiago de Chile (71° westlich) nach Westen abgefahren bin, stand die Sonne um 12 am höchsten, jetzt steht sie um 10:00 Uhr am Vormittag am höchsten, also bin ich 2 Zeitzonen weiter, das sind 30°, also 101° westlich. Zu den Osterinseln muss ich also noch 8° nach Westen. Wenn ich mich irre, werde ich womöglich verhungern und verdursten, weil Tausende Kilometer ringsum kein Land ist.

Über viele Jahrzehnte dachten die klügsten Köpfe nach, wie man das Längenkreisproblem elegant aber doch praktikabel meistern könne, bis eine Uhr erfunden wurde, der die Schaukelei an Bord nichts mehr anhaben konnte ...

Was? Gerade aus fahren? Wir stehen vor dem Abgrund!

Positionsbestimmung? Macht der Computer!

Heutzutage läuft alles über GPS („Gobal Positioning System"). Ist ja auch wirklich praktisch. Selbst wenn ich mich im Wald verirre: Irgendeine App bringt mich schon nach Hause. Neuerdings tippen sogar Taxifahrer in der Großstadt den Straßennamen ein und schon geht's ab. Interessanterweise navigieren Flugzeuge nicht ausschließlich mit GPS, sondern kontrollieren zusätzlich auf konventionelle Art und Weise, obwohl GPS in dieser Höhe besonders gut funktioniert: keine störenden Berge, Bäume, Häuser – man ist immer mit zumindest acht Satelliten in Kontakt.

In den 1990ern schoss das amerikanische Militär 27 Satelliten in genau definierte Umlaufbahnen in 20 000 km Höhe (die Flughöhe beträgt damit mehr als den dreifachen Erdradius, und diese Satelliten werden nur noch von den geostationären Satelliten „getoppt"). Ein paar Jahre lang waren die Signale, die sie aussendeten, künstlich verschlechtert, damit nur die Institutionen, die diese absichtlichen Fehler wieder dechiffrieren konnten, auch wirklich genau navigieren konnten. Dann kamen ein paar Mathematiker und entwickelten Methoden, welche die Chiffrierung wegrechneten, sodass man diese schließlich ganz aufgab.
Wenn man neuesten Meldungen glauben darf, haben mittlerweile andere Mathematiker Methoden gefunden, die Signale kurzfristig so umzumodeln, dass man denkt, alles sei o.k. – aber man befindet sich auf dem falschen Weg. Raketen, die angeblich eine Damentoilette von einer Herrentoilette unterscheiden können, würden dann weit abseits detonieren.

Kann man in ganz wenigen Sätzen erklären, wie GPS im Prinzip funktioniert? Nun, man braucht zumindest drei Satelliten A, B und C. Hat man entsprechende Signale, welche die aktuelle Zeit auf die Nanosekunde und die aktuellen Positionen auf den Meter genau zur Verfügung stellen, kann man wie folgt seine eigene Position berechnen, wenn man die eigene Zeit ebenso genau kennt: Das Signal wird mit Lichtgeschwindigkeit transportiert. Die Differenz der Nanosekunden bis zum Eintreffen liefern die Abstände a, b und c von A, B und C auf den Meter genau. Schneiden wir jetzt drei Kugeln mit den Mittelpunkten A, B und C und den Radien a, b und c, so erhalten wir zwei Schnittpunkte. Einer dieser Punkte wird entweder weit im Weltall oder unter der Erde sein, der andere ist die eigene Position. Haben wir einen vierten Satelliten, ist die Sache eindeutig.

Die Schwierigkeiten liegen natürlich im Detail: Erstens kann man sich auf die Satelliten-Uhrzeiten trotz Atomuhren an Bord „nur" auf Mikrosekunden verlassen und zweitens hat man selber keine Atomuhr – das wäre unleistbar. Aber: Durch wiederholtes Anwenden der Rechnung bei Annahme einer zunächst „ungefähren" Zeit (auf Zehntausendstelsekunden genau) kommt man auch zum Ziel, wenn sich nicht irgendwelche Störenfriede eine neue „Gemeinheit" einfallen lassen oder die Signale sonst irgendwie verfälscht werden – oder gar alle elektronischen Geräte lahmgelegt sind.

Planetengetriebe

Von Flaschenzügen und Planetengetrieben

Theoretisch kann man mit dem Hebelgesetz schon einiges aus den Angeln heben: „Kraft × Kraftarm = Last × Lastarm". Ein ähnliches Prinzip gilt auch für andere hilfreiche technische Geräte. Leonardo da Vinci zeichnete einen Flaschenzug, bei dem man an einem Seil relativ lange ziehen muss, um eine umso schwerere Last auf der anderen Seite langsam hochzuhieven. Hier gilt das Prinzip „Kraft mal Weg ist konstant". Über eine Kombination aus Seilrollen kann das bewerkstelligt werden.

Auch nicht viel anders funktionieren sogenannte Planetengetriebe. Man braucht sie, wenn man schnelle Drehungen in viel langsamere, aber umso wirkungsvollere Drehungen umwandeln will. Ein typisches Anwendungsbeispiel ist ein elektrischer Schraubendreher, bei dem von einer relativ schwachen Batterie ein Elektromotor betrieben wird, der ein winziges Stirn-Zahnrad mit etwa 60 Umdrehungen pro Sekunde drehen kann. Wie schafft man es, die Drehung auf knapp eine Umdrehung pro Sekunde zu reduzieren, wobei das Drehmoment 60-mal stärker wird?

Nun, man könnte versuchen, Hilfszahnräder zwischen das sehr kleine Stirnrad und ein 60-mal so großes Hohlrad einzubauen, sodass sich das kleine Rad 60 Mal drehen muss, bis sich das große einmal gedreht hat. Oder es fällt einem noch etwas Besseres ein: Wie wäre es, die Sache zweistufig zu machen – in der ersten Stufe, sagen wir, um das Achtfache größer zu werden und das große Hohlrad fix mit einem neuen, darunter liegenden kleinen Stirnrad zu verbinden. Dieses zweite kleine Rad treibt ein zweites achtmal so großes Hohlrad an, das dann mit der Schraubendreherklinge fix verbunden ist. In diesem Fall wäre das Übersetzungsverhältnis 1:64.

Der letzte Gedankengang ist typisch für Mathematiker, die ja gerne zehn Liter Wasser kochen, indem sie nur einen Liter zum Kochen bringen und dann sagen: „Der Rest geht genauso" (einer jener Mathematikerwitze, bei dem andere nur gequält schmunzeln). Man könnte also bequem das zweite Hohlrad mit einem weiteren kleinen Stirnrad verbinden, das seinerseits ein drittes Hohlrad antreibt usw. Das Übersetzungsverhältnis steigt dabei exponentiell und ist beim nächsten Schritt schon $1 : 8^3 = 1 : 512$, in weiterer Folge $1 : 8^4 = 1 : 4096$ usw.

Schon bei der Stufe vier würde sich die Klinge nur noch circa einmal pro Minute drehen und durch „fast nichts mehr" gestoppt werden können!

7

Physikalisches

Wer ist nun wer?

Definitionen und Einheiten

Ein Physikerwitz (verkürzt): Einstein, Newton und Pascal spielen Verstecken. Einstein muss suchen und findet den gut im Blattwerk versteckten Pascal nicht, sondern den keineswegs versteckten Newton, der auf einem Teppich von einem Quadratmeter sitzt. Damit hat er dann doch Pascal gefunden.

Nun ja, wenn Sie noch nicht gelacht haben: Die Definition der physikalischen Einheit für Druck ist 1 Newton pro Quadratmeter und wird 1 Pascal genannt. Sie hätten nur die Einheit 1 bar oder 1 at (technische Atmosphäre) oder psi (Pounds per Square Inch) gekannt? Auch keine Schande. Am besten arbeiten Sie mit der Umrechnungstabelle zwischen den gebräuchlichsten Einheiten auf Wikipedia.

Das mit den Einheiten ist so eine Sache. Der ältere der beiden Autoren wollte „seinerzeit" in den USA zusätzlich zu seinem europäischen Führerschein den amerikanischen machen, weil in den USA ein Führerschein wichtiger als ein Reisepass ist. Das Unterfangen wäre fast gescheitert, weil er folgende Multiple-Choice-Fragen falsch angekreuzt hat:

• Wie viele Unzen (ounces) „86-proof-liquor" (was ist das, bitte?) entsprechen einer Sechserpackung Bier? (Nachträglich stellte sich heraus, dass 86-proof-liquor 43%iger Schnaps ist).
• Wie lange ist der Bremsweg aus 55 mph (Miles per Hour): 143 Fuß, 243 Fuß oder 343 Fuß?

• Auf einer geteilten Fernstraße (doppelte Sperrlinie) bleibt ein Schulbus auf der anderen Seite stehen. Mit wie viel mph darf man fahren? (0, 15, 25 usw.)

Besagter Autor weiß die Antworten bis heute nicht genau und hat auch noch keinen Amerikaner getroffen, der sie mit Sicherheit gewusst hätte, aber angeblich werden zumindest die ersten beiden Fragen heute nicht mehr geprüft.

Nicht ganz uninteressant ist vielleicht der Zusammenhang beim Spritverbrauch zwischen mpg (miles per gallon) und Liter auf 100 km. Dabei hilft eigentlich nur die Umrechnungsformel: Um einen Wert zu erhalten, muss man die Zahl 235 durch den jeweils anderen dividieren. Also entsprechen z. B. 6 Liter pro 100 km knapp 40 Meilen Fahrstrecke mit einer Gallone (ca. 3,8 Liter). Dabei ist natürlich die amerikanische Straßenmeile (1,61 km) und nicht etwa eine Seemeile (1,85 km) gemeint.

Die Umrechnung von Celsius in Fahrenheit hat es auch ein bisschen in sich: Von Fahrenheit nach Celsius zieht man zunächst 32 ab und multipliziert dann mit 5/9. Umgekehrt multipliziert man den Celsius-Wert mit 9/5 und addiert rasch noch 32.

Letzte Frage: Was bedeutet im Amerikanischen eine Billion? Eine Milliarde natürlich. Das erklärt so manches Missverständnis.

Noch irgendwelche Vorschläge?

Frag doch den Hausmeister!

Ein klassischer Physikerwitz – eine Anekdote, die um den brillanten Physikstudenten Niels Bohr (er wurde später Nobelpreisträger) rankt: Dieser bekommt zur Prüfung die Frage „Beschreiben Sie, wie man die Höhe eines Hochhauses mit einem Barometer ermittelt". Bohr fühlt sich ein bisschen provoziert – die Sache mit der Differenz des Luftdrucks ist natürlich „aufgelegt", aber erstens ist sie für ihn fast trivial und zweitens trotz allem wohl zu ungenau. Schnippisch kommt die Antwort: „Sie binden ein langes Stück Schnur an den Ansatz des Barometers und senken dann das Barometer vom Dach des Hochhauses zum Boden. Die Länge der Schnur plus die Länge des Barometers ergibt die Höhe des Gebäudes."

Die ehrenwerte Prüfungskommission ist ein bisschen verärgert und fordert den Frechdachs auf, eine Antwort zu geben, die sein Wissen um die Physik besser zeigen würde. Bohr gibt daraufhin eine Serie von unerwarteten Antworten:

• Man könne das Barometer hinunterwerfen und aufgrund der Fallzeit die Höhe berechnen;
• man könne – falls die Sonne scheine – mit der Länge des Schattens einer Gebäudekante arbeiten;
• man könne das Pendel zunächst unten schwingen lassen und dann an einer langen Schnur von oben; aus der Differenz in der Schwingungsdauer kann man auch den Unterschied in der Pendellänge feststellen;
• man könne auch zum Hausmeister gehen und ihm das Barometer als Geschenk für seine korrekte Antwort anbieten.

Dumme Fragen – dumme Antworten, könnte man sagen. Aber, Hand aufs Herz: Manchmal kommen einem die Fragen, die Mathematiker stellen, auch ein bisschen an den Haaren herbeigezogen vor, und eine banale Antwort wäre „die gerechte Strafe" für so eine Frage. Generell sollte eine Lösung mit dem Hausverstand oder eine praktikable Lösung Vorrang haben. Eigentlich sollte es sogar eine Herausforderung für manche Leute im Elfenbeinturm sein, komplexe Sachverhalte „der eigenen Großmutter erklären zu können". Wenn es dann absolut nicht geht, muss wohl die Integralrechnung oder Ähnliches herhalten, aber es ist tatsächlich so, dass man viele Sachverhalte schlichtweg besser erklären kann, wenn man auf allzu viel Wissenschaftlichkeit verzichtet.

Probieren wir die „Großmutter-theorie" aus: Warum ist ein Sterntag vier Minuten kürzer als ein durchschnittlicher Sonnentag? Nützen wir aus, dass ein voller Winkel $360°$ und das Jahr ca. 360 Tage hat. Um die Sonne zu Mittag am höchsten Punkt sehen zu können, müssen wir uns damit täglich um $1°$ „überdrehen". 24 Stunden= 24×60 Minuten dividiert durch 360 ergibt im Kopf 4 Minuten. Deswegen erscheinen die Sterne jede Nacht 4 Minuten früher als am Vortag. Man könnte auch eine zwanzigseitige wissenschaftliche Arbeit daraus machen und das Ergebnis wäre auf eine Kommastelle genau vergleichbar …

Man bringe mir den Goldschmied!

Archimedes und zwei fundamentale Gesetze

Der Grieche $A\rho\chi\iota\mu\eta\delta\eta\varsigma$ von Syrakus (Sizilien!) wurde immerhin etwa 75 Jahre alt, bevor er durch die Hand eines römischen Soldaten fiel, dem er in dessen Muttersprache angeblich noch entgegengerufen hatte: „Noli turbare circulos meos" („Störe meine Kreise nicht"). Das Genie hatte mit seinen Erfindungen die Römer drei Jahre lang daran gehindert, seine Heimatstadt einzunehmen.

Zwei seiner Erfindungen kennt heute jeder Schüler: Das Hebelgesetz und das Auftriebsgesetz. Beide sind mit bekannten Aussprüchen besetzt: „Gib mir einen festen Punkt und ich hebe die Welt aus den Angeln" bzw. „Heureka". Beim letzteren, was so viel bedeutet wie „ich hab's gefunden", soll das Genie splitternackt aus der Badewanne gesprungen und auf die Straße gelaufen sein – damals weniger auffällig als heute.

Mit einer Kombination dieser beiden Gesetze konnte der Universalwissenschaftler in wenigen Minuten feststellen, dass die angeblich reine Goldkrone für König Hiero unedlere (also auch leichtere) Metalle enthalten musste: Er wog die Krone mit Goldstücken auf einer Hebelwaage auf und tauchte die ganze Apparatur dann in Wasser. Dabei hob sich die Waage auf der Seite der Krone.

Das Auftriebsgesetz besagt, dass ein eingetauchter Körper in seinem Schwerpunkt eine Auftriebskraft erfährt, die gleich dem Gewicht der verdrängten Flüssigkeit ist (das schwere Gold hat also wegen des geringen Volumens weniger Auftrieb als leichtere Metalle). Die nach unten gerichtete Kraft ist das Gewicht des Körpers im uneingetauchten Zustand und greift im Massenschwerpunkt des Körpers an.

• Archimedes und die Erdbahn

In Anspielung auf „die Welt aus den Angeln heben" berechnen wir den gemeinsamen Schwerpunkt zwischen Mond und Erde:

Man lege auf die linke Waagschale 81 Münzen (die Erde), auf die rechte eine einzige (den Mond). Dann muss der Auflagepunkt des Hebels $1/82$ der gesamten Hebellänge betragen, und dieser Abstand beträgt knapp 400 000 km. Der gemeinsame Schwerpunkt zwischen Erde und Mond liegt somit etwa 5 000 km vom Erdmittelpunkt entfernt in Richtung Mond, und damit noch innerhalb der Erde. Die beiden Himmelskörper schlingern – zusätzlich zu all ihren anderen Bewegungen – im Lauf von etwa vier Wochen um diesen Punkt.

Dieser gemeinsame Schwerpunkt ist es, der gemäß dem ersten Keplerschen Gesetz auf einer Ellipse um die Sonne wandert. Die Bahn des Erdmittelpunkts bei seiner Bewegung um die Sonne kompliziert sich durch den Einfluss des Mondes, ja, sie verläuft nicht einmal in einer Ebene. Einerseits hält die vergleichsweise sehr schnelle Kreiselbewegung der Erde die Erdachse in ihrer Richtung, anderseits taumeln Erde und Mond um den gemeinsamen Schwerpunkt (dabei liegt, abgesehen von der Eigenrotation, eine Schiebung vor).

Archimedes braucht eine zweite Doppelseite

• Zweimal täglich Flut und Ebbe

Der Mond zieht das Wasser (und alles andere) an. Die Erde rotiert um ihre Achse und dabei wandern zwei (!) Flutwellen (Tidenhübe) im Laufe eines Tages um die Welt. Aber wieso *zwei*?

Die Anziehungskraft des Mondes zerrt an der Erdkugel und und deformiert insbesondere die Ozeane zu einem länglich verzerrten Drehkörper, der in guter Näherung ein Drehellipsoid mit der Verbindungsgeraden Erde-Mond als Drehachse ist. Ohne die auf der gesamten Erde konstanten Fliehkräfte (Schiebung!) wäre der Mittelpunkt dieses Ellipsoids ein in Richtung Mond verschobener Erdmittelpunkt. Die Fliehkraft zentriert das Ellipsoid aber wieder um den Erdmittelpunkt. Jetzt kommt die vergleichsweise rasche Drehung der Erde um ihre Achse ins Spiel, welche die gegenüberliegenden Scheitel des Ellipsoids (zwei gegenüberliegende Wellenberge) als zwei Flutwellen um die Erde treibt.

• Archimedes und die Schiffsprofile

Man betrachte das Profil des Schiffs auf der linken Seite. Es ist so gestaltet, dass bei Schieflage das Volumen des verdrängten Wassers, das ja für den Auftrieb verantwortlich ist, einen Schwerpunkt hat, der „auf der richtigen Seite" des Schwerpunkts des Boots liegt. Die nach oben wirkende Auftriebskraft und die nach unten wirkende, im (hoffentlich konstanten) Schwerpunkt des Schiffs, erzeugen sofort ein aufrichtendes Drehmoment. Brauchbare Schiffsprofile müssen so entworfen werden, dass es

in jeder Schräglage so ein aufrichtendes Moment gibt. Hilfreich ist es, den Schwerpunkt des Schiffs so tief wie möglich zu halten.

Offenbar wird die Sache gefährlich, wenn dieser Schwerpunkt zu hoch liegt bzw. wenn Fässer oder ähnliche Dinge am Schiff herumrollen und den Schwerpunkt unkontrolliert aus seiner Position bringen. Profisegler nützen das natürlich aus und hängen mal links, mal rechts weit draußen und verändern die Lage des Schwerpunkts damit gezielt, was noch extremere Schräglagen ermöglicht.

• Archimedes, Kugel, Zylinder und Kegel

Der vielseitige Grieche war auf eine Entdeckung besonders stolz: Er brachte das Volumen einer Kugel in Zusammenhang mit dem eines umschriebenen Drehzylinders (der dann als Meridianschnitt ein Quadrat hat).

Heute weiß das fast jeder, weil die Formeln dazu ganz fundamental sind: Mit der Querschnittsfläche $Q = \pi r^2$ hat der Zylinder das Volumen $2r\,Q$. Das Kugelvolumen beträgt genau $2/3$ davon, und damit auch noch das Doppelte des Volumens eines Doppelkegels durch die Randkreise des Zylinders (Spitze im Kugelmittelpunkt). Die Kreiszahl $\pi = 3,1415\cdots$ konnte der Allrounder so nebenbei auf ein paar Nachkommastellen annähern, indem er einem Kreis mal ein regelmäßiges 96-Eck einschrieb und dann umschrieb. Der Kreisumfang $2\pi r$ wurde damit „eingeschachtelt".

Fass, Hasso!

Einmal Stratosphäre und retour, bitte!

Alle wissen, was eine „Wurfparabel" ist: Wirft man einen Stein, dann wird seine Bahnkurve eine Parabel sein: Die erste Hälfte der Flugbahn fliegt er aufwärts, erreicht genau in der Mitte seine höchste Position und fällt dann längs einer Kurve, die symmetrisch zu der beim Aufstieg war. So halbwegs, wenigstens. Da ist nämlich noch der Luftwiderstand, und der nimmt bekanntlich mit dem Quadrat der Geschwindigkeit zu. Er bremst den Stein von der ersten Sekunde an und die Geschwindigkeit nimmt dadurch ab, sodass der Stein letztlich kraftlos herunterplumpst. Das nennt man dann eine Parabel dritter Ordnung. Demnach sind historische Zeichnungen, in denen Flugbahnen von Kanonenkugeln zunächst geradlinig eingezeichnet sind und dann in einem Kreisbogen fast senkrecht zu Boden führen, gar nicht so naiv.

Angenommen, es gäbe keinen Luftwiderstand. Das wäre z. B. am Mond der Fall. Ist die Kurve dann eine perfekte Parabel? Nun, eine Parabel ist, salopp gesprochen, eine Ellipse, bei der ein Brennpunkt ins Unendliche gerutscht ist. Und selbst ohne Luftwiderstand ist besagter Brennpunkt immer noch der Schwerpunkt des Himmelskörpers, auf dem man sich gerade befindet. Das ist das erste Keplersche Gesetz. Der Mondradius beträgt $1/4$ des Erdradius, also ca. $1\,600$ km. Die Flugparabel wäre dann (nicht erst seit Kepler) eine Flug*ellipse*, bei der ein Brennpunkt $1\,600$ km weit entfernt ist. Mit ein bisschen Toleranz ist das eine Parabel – aber nur bei „normalen" Würfen, die meinetwegen ein paar Kilometer reichen. Hasso, unser Dackel in der Zeichnung links, sollte bei extrem weiten Würfen lieber andersherum laufen.

Um zu erreichen, dass der Stein nie wieder am Mond landet, müsste man ihn senkrecht mit „Fluchtgeschwindigkeit" abschießen. Die beträgt am Mond in etwa $8\,500$ km/h. Um von der Erde endgültig loszukommen, braucht man fast die fünffache Geschwindigkeit. Das Sonnensystem lässt man mit nur mit sage und schreibe $150\,000$ km/h hinter sich. Gut, dass unsere Erde „nur" mit durchschnittlich $108\,000$ km/h um die Sonne flitzt – gerade so schnell, dass sie nicht rausfliegt, aber auch nicht von der Sonne verschluckt wird.

Zurück zum Luftwiderstand. Der verringert sich mit der Höhe: Etwa alle $5\,500$ m Höhe nimmt er um die Hälfte ab. In der Praxis braucht ein Verkehrsflugzeug in drei km Flughöhe etwa 3 Tonnen Treibstoff pro Stunde, in 12 km enttäuschenderweise immer noch $2,5$. Weil es schneller fliegt – und Zeit ist Geld. Deswegen fliegen selbst zwischen München und Stuttgart die Flugzeuge fast bis in die Stratosphäre. Ob sich der offenbar nicht allzu große Unterschied für die Umwelt rentiert, ist eine andere Sache.

Auf zur nächsten Runde!

Ganz schön eng da oben!

Die allermeisten Satelliten – so an die 2 000 – fliegen relativ knapp an der Erdoberfläche. Ein ziemliches Wirrwarr, bei einer notwendigen Bahngeschwindigkeit von fast 30 000 km/h. Selten, aber doch immer wieder, kommt es sogar zu Kollisionen, die dann große Auswirkungen haben: Nach so einer Kollision fliegen Hunderte weitere Bruchstücke als unkontrollierte Geschoße mit dieser Wahnsinnsgeschwindigkeit herum. Mit jedem weiteren Treffer wird die Situation unüberschaubarer. Schon 1978 beschrieb der Astrophysiker Donald J. Kessler das nach ihm benannte Syndrom: Irgendwann wird die Zone, in der die Satelliten und ihre Bruchstücke herumrasen, zu einer Gefahrenzone, die man nur noch mit Glück unversehrt durchqueren kann.

Ist man mal durch die gefährliche Zone durch, kommt einmal eine Zeitlang nichts. In einer Flughöhe von 20 000 km flitzen – gut unter Kontrolle und auf genau vorberechneten Bahnen – an die 30 GPS-Satelliten herum – vierzig- bis sechzigmal so hoch wie der große Pulk. Da wird nichts passieren.

Fast noch einmal so weit entfernt findet sich eine skurrile Situation. Dort sind fast überall gar keine Satelliten, aber genau über dem Äquator findet eine Art Prozession statt. Dort fliegen nämlich an die 300 „geostationäre Satelliten" mit immerhin noch 11 000 km/h auf einer immer gleichen Bahn. Sie brauchen für einen vollen Kreis genauso lang wie die Erde bei einer vollen Umdrehung (knapp 24 Stunden). Dadurch bleiben sie immer über demselben Punkt am Äquator und erfüllen dort ihre Aufgabe.

Ursprünglich Wettersatelliten, sind jetzt die meisten Kommunikations- und Fernsehsatelliten: Wer kann heute schon ohne die Abertausenden Fernsehprogramme weltweit leben? Bei dieser Geschwindigkeit haben die Boliden durchschnittlich weniger als tausend Kilometer Abstand voneinander, und wenn Sie als Astronaut an der Stelle verharren könnten (können Sie aber nicht), würde jede halbe Minute ein solches Monster an Ihnen vorbeirasen. Das „Einfädeln" immer neuer Datenreflektoren wird demgemäß immer schwieriger.

Über allen Gipfeln ist Ruh, heißt es bei Franz Schubert. Tatsächlich sind in größerer Höhe Satelliten eine wahre Rarität. Aber es gibt noch einen – in knapp 400 000 km Flughöhe, also zehnmal so weit entfernt wie die geostationären Satelliten. Er ist dort schon sehr, sehr lange, fast so lange wie die Erde existiert. Und er hat immerhin 1/4 des Durchmessers der Erde; unser Freund im All mit einem nicht zu unterschätzenden Einfluss auf das Leben auf der Erde und dem immer gleichen Gesicht. Er dreht sich nämlich genauso schnell um seine Achse, wie er sich um die Erde dreht. Und das aus gutem Grund: Seine Eigenrotation wurde durch Gezeitenkräfte (die gibt's auch ohne Wasser!) so lange verringert, bis sich dieses Gleichgewicht eingestellt hat.

8

Biologisches

Am Anfang war das Hahnenei ...

Was war zuerst: Die Henne oder das Ei?

Die Redewendung lässt sich auf viele Alltagsprobleme anwenden. Schon die alten Römer und Griechen waren von der philosophischen Fragestellung fasziniert. Üblicherweise tritt eine verwandte Fragestellung auch bei eskalierenden Beziehungs-Streitigkeiten auf und wird dann unterschiedlich beantwortet. Eine „kosmische Henne-Ei-Frage" ist z. B., ob Schwarze Löcher vor den Galaxien da waren oder umgekehrt. Da tendieren die Physiker eher zu den Schwarzen Löchern. In weiterer Folge kam es dann zu einem engen Wechselspiel zwischen den Galaxien und ihren unsichtbaren Turbo-Antrieben.

Die Eiablage ist eine klassische Form der Fortpflanzung: Im Ei sind alle notwendigen Stoffe für den Nachwuchs enthalten und sehr oft kümmern sich die Eltern auch nicht weiter darum. Zeitlich gesehen war das Ei natürlich *vor* der Henne da, wenn man berücksichtigt, dass Insekten und Fische schon Hunderte Millionen Jahre vorher Eier legten. Dazwischen – und wohl schon vorher – gab es in jedem Fall Reptilien und Saurier, die Eier legten (und es gibt auch einige wenige Säugetiere, die Eier legen). Also könnte die berechtigte Frage lauten: War zuerst die Riesenlibellen-Mutter oder ihre Eier? Biologisch stellt sich die Frage nicht so direkt, weil ja weder die Riesenlibelle noch deren Eier vom Himmel gefallen sind, sondern sich beides in einem langen Evolutionsprozess entwickelt hat.

Nachdem man zur Reproduktion des Haushuhns sowohl die Henne als auch den Hahn braucht, könnte man zur Verwirrung auch sagen: Am Anfang war ein Hahn! Der englische Genetiker John Brookfield formulierte es so: „Am Anfang war ein Hahnenei – gelegt von einem Nichthuhn." Dazu kommt jetzt noch, dass es genau genommen eine zweite Generation braucht, bis sich das Erbgut Eier legen durchsetzt, weil sich das Erbgut eines Tieres im Laufe des Lebens nicht ändert.

Die Mathematiker machen es sich leicht. Sie bezeichnen eine Reihenfolge von Dingen, bei der vorgegebene Abhängigkeiten erfüllt sind, als *topologische Sortierung*, und sagen dann ebenso lapidar wie kryptisch: „Bei einem Henne-Ei-Problem kann man keine topologische Sortierung durchführen."

Umso mehr fasziniert die Geometrie des Vogeleis, über die schon wissenschaftliche Arbeiten geschrieben wurden. Das Ei ist zwar rotationssymmetrisch, aber es besitzt keine weitere Symmetrie bezüglich einer Äquatorebene (wie etwa ein Ellipsoid). Das hat den Vorteil, dass es nicht so leicht davonrollen kann, was ja das Todesurteil für das Küken bedeuten würde. Es kreiselt – oder „eiert" – vielmehr herum und kommt dann im Idealfall nicht allzu weit weg zum Stillstand. Vögel, die auf steilen Klippen brüten, haben manchmal fast kantige Eier, damit nur ja nichts davonkullert.

Das muss sie doch beeindrucken!

Von Kugelfischen und Symmetrien

Kugelfische haben in Japan eine lange Tradition am Speiseplan. Mittlerweile dürfen nur noch wenige speziell ausgebildete Köche den Fisch zubereiten: Sein Gift gehört zu den stärksten im Tierreich – wenn man das Tier isst. Delfine wurden schon dabei beobachtet, dass sie Kugelfische wie einen Spielball hin und her schubsen, aber durchaus sorgsam mit ihnen umgehen. Sie wollen nur ein bisschen an dem Gift schnüffeln, das sie dann in eine Art Drogenrausch versetzt.

Erst in den 1990ern wurde erstmals von Tauchern ein seltsames Verhalten männlicher Kugelfische der Gattung Torquigener entdeckt: Sie bauen Sandburgen von mehreren Metern Durchmesser, um die Weibchen zu beeindrucken. Diese Gebilde sind perfekt symmetrisch und erinnern an 24-Stunden-Uhren: Wenn das Ganze nicht in jedem Detail gefilmt worden wäre, hätten sicher wieder ein paar Leute hier eindeutig das Werk von Außerirdischen erkannt, die uns eine Botschaft senden wollen; ein Fisch wäre doch niemals in der Lage, ein solch wunderbares Kunstwerk zu schaffen, noch dazu in dieser Größe: Umgerechnet auf menschliche Größe reden wir hier von Bauwerken mit dreißig Metern Durchmesser. Und das ohne Winkelmesser und Maßband. Die Fertigstellung dauert – bei ununterbrochener Arbeit – eine ganze Woche! Der Lohn ist, dass das Weibchen die Eier tatsächlich genau im Zentrum des Gebildes ablegt.

Symmetrie spielt in der Natur eine enorme Rolle, im Pflanzenreich wie im Tierreich. Hier wollen wir hauptsächlich die bei den Tieren betrachten:

• Schwämme (gemeint sind Schwämme unter Wasser, die mit den Pilzen wenig zu tun haben) haben als einfachste vielzellige Tiere gar keine Symmetrie.

• Quallen, Anemonen und andere Nesseltiere sind radiärsymmetrisch – wie unsere Kugelfisch-Sandburg. Im Pflanzenreich ist Radiärsymmetrie häufig beim Aufbau der Blüten zu beobachten.

• Fische und generell Wirbeltiere, aber auch die meisten anderen Tierstämme, besitzen eine einzige Symmetrieebene (sie sind *bilateralsymmetrisch* und haben dadurch ein „Vorne" – die Fortbewegungsrichtung). Auch wenn der Oktopus acht Arme hat, ist er dennoch nur bilateralsymmetrisch.

• Stachelhäuter (Seesterne, Seeigel) hingegen haben oft eine fünfstrahlige Symmetrie (aus ihnen haben sich im Lauf der Evolution dann Tiere mit sechs, sieben und viel mehr Armen entwickelt) – erstaunlich, denn ihre Larven sind bilateralsymmetrisch und benötigen dann eine Metamorphose. Sogar mehrere innere Organsysteme sind fünfstrahlig angelegt. Diese Entwicklung hat in der Evolutionsgeschichte der Tiere keine Parallelen. Die Seeigel kann man sich so vorstellen, dass die fünf Arme oben zusammenschlagen. Tatsächlich sieht man zwischen den Stacheln noch die Saugfüßchen, die bei den Seesternen auf der Unterseite zu finden sind.

**Trotz extremer Vereinfachung
ein effizientes Modell**

Mathematische Simulation der Natur

Leonardo da Pisa, auch Fibonacci genannt, war der bedeutendste europäische Mathematiker des Mittelalters. Sein Wissen hatte er teilweise von arabischen Mathematikern. „Der Sohn des Bonaccio" überlegte sich Folgendes:

Ein junges Kaninchen-Pärchen braucht einen Monat, um geschlechtsreif zu werden und kann ab dann jedes weitere Monat ein Pärchen zur Welt bringen, das sich seinerseits nach einem Monat Reife fortpflanzt. Macht man monatlich eine Kaninchenzählung, dann erhält man die Ergebnisse $2, 3, 5, 8, 13, 21, 34, 55, 89$ usw. Ein Mathematiker will natürlich gleich eine Formel herleiten, was aber nicht leicht ist. Man kann zunächst beweisen, dass bei der nächsten Zählung die Summe der beiden vorangegangenen Ergebnisse rauskommt. Damit lässt sich zeigen, dass man das nächste Ergebnis „im höheren Bereich" sehr gut annähern kann, indem man mit der sog. *goldenen Zahl* $\Phi = 1,61803\cdots$ multipliziert. Diese Zahl hat etwas ähnlich Magisches an sich wie die Kreiszahl π, und niemand kann prognostizieren, was die nächste Kommastelle ist.

Will man die Ergebnisse der Zählung in ein Koordinaten-system eintragen, merkt man bald, dass die Punkte auf einer Kurve liegen, die sehr rasch sehr große Werte annimmt. Nach 20 Monaten haben wir schon über $10\,000$ Nager beisammen, und nach 40 Monaten Hunderte Millionen. Das ist gar nicht so unrealistisch, wenn man an die Kaninchenplagen in Australien denkt. Nur eines ist klar: Irgendwann muss das Ganze zum Kollaps führen. Im Fall der vermehrungsfreudigen Pelztierchen sind das Nahrungsmangel und auch epidemische Krankheiten, die ganze Populationen hinwegraffen.

Ganz vergleichbar ist die folgende Frage, die Sie vielleicht in abgewandelter Form schon kennen – auch sie hat mit *exponentiellem Wachstum* zu tun: Eine Seerosen-Population breitet sich über einem See so aus, dass sich die bedeckte Fläche jede Woche verdoppelt. Nach 20 Wochen ist der See zur Gänze bedeckt. Wann war er zur Hälfte bedeckt? (Sie wissen die Antwort.)

Wenn wir nun glauben, dass derlei nur im Reich nicht sonderlich intelligenter in-stinktgesteuerter Kreaturen passieren kann, werden wir bald eines besseren belehrt: Dieselbe Vermehrungskurve liegt nachweislich beim Menschen vor. Blöderweise hat *unsere* Kurve bereits eine Phase erreicht, die zumindest schon mal für alle anderen Kreaturen auf dieser Welt schwindelerregend ist. Es besteht aber die Hoffnung, dass die rasant ansteigende Bevölkerungskurve schon bald stark abflachen wird (man muss ja optimistisch bleiben).

Groß und Klein trotzdem vergleichen?

Man hört oft: „Wie im Großen, so im Kleinen." Das mag vielleicht für manche Dinge stimmen (z. B. bei Verhaltensweisen von Menschen), aber ganz und gar nicht in der Natur – wie wir es ja schon öfter gesagt haben. Insbesondere ist das Verhältnis von Volumen (Masse) und Oberfläche bzw. Querschnittsfläche von der absoluten Größe abhängig! Das hat natürlich mannigfache Auswirkungen – direkt und indirekt. Physiker haben sich immer schon gefragt, wie bzw. unter welchen Bedingungen man trotzdem Groß und Klein vergleichen kann, womöglich sogar in verschiedenen „Fluiden" – so bezeichnet man in der Strömungsmechanik übergreifend Gase und Flüssigkeiten (also etwa Luft und Wasser).

Wie hängt bei Tieren die Frequenz des Flügel- oder Flossenschlags mit der Geschwindigkeit zusammen? Der Physiker Vincent Strouhal betrachtete dazu den Quotienten aus der Frequenz und der Vorwärtsgeschwindigkeit und multiplizierte diesen Wert mit der Amplitude der Flügel- bzw. Flossenbewegung (absolute Größe!). Dabei stellt sich heraus: Die höchste Effektivität wird bei Werten um 0.3 erreicht. Die Zahl ist bei der Fortbewegung von fliegenden und schwimmenden Tieren einsetzbar, unabhängig von deren Größe, also von der Mücke über die Vögel oder Fledertiere bis hin zum Bartenwal.

Unter welchen Bedingungen kann man z. B. den Flug einer winzigen Fruchtfliege in größerem Maßstab analysieren? Der Physiker Osborne Reynolds bildete den Quotienten aus Trägheits- und Zähigkeitskräften, die auf einen umströmten Körper wirken. Diese Reynolds-Zahl steigt proportional sowohl mit der Größe des Objekts als auch der Strömungsgeschwindigkeit an und verringert sich (indirekt proportional) mit der kinematischen Zähigkeit des Fluids. Hundertfach vergrößert kann man damit das Modell einer Essigfliege, deren Flügel in natura 300-mal pro Sekunde schwirren, in einem Öltank untersuchen und braucht die Flügel dann nur mehr einmal pro Sekunde flattern lassen, um im selben „Reynoldsbereich" zu „fliegen". Weil dann die Physik der Umströmung bei richtiger Einstellung in beiden Fällen genau gleich ist, lassen sich Rückschlüsse vom Modell auf die Realität machen.

Eher als lustige Überlegung gedacht, aber doch mit starkem physikalischem Bezug: Wer ist schneller mit dem Abschütteln von Wasser aus dem nassen Fell: der Hund oder das Eichhörnchen? Sie können es sich wahrscheinlich denken. Der kleine Nager braucht nur einen Bruchteil der Zeit. Das hängt mit Winkelgeschwindigkeiten und damit verbundenen Fliehkräften zusammen. Die schnellen Bewegungen der kleinen Tiere machen es möglich ...

Abzählspiele

Die goldene Evolution

Schreiben wir nochmal die ersten Fibonacci-Zahlen auf, bei denen sich die nächste Zahl immer als Summe der vorangehenden einstellt, sodass man sie nicht auswendig lernen muss: $2, 3, 5, 8, 13, 21, 34, 55, 89, 144, \cdots$. Dividiert man die Fibonacci-Zahlen durch ihre jeweiligen Vorgänger, erhält man eine Zahlenfolge $3/2, 8/5, 13/8$ usw., die gegen die berühmte Zahl $\varphi = 1,618\cdots$ strebt, die unter dem Namen *goldene Zahl* in die Geschichte eingegangen ist. Die großen Fibonacci-Zahlen sind also die besten ganzzahligen Näherungen der Potenzen von φ, allerdings muss man durch die Konstante $\sqrt{5}$ dividieren. Probieren wir's aus: $\varphi^{11}/\sqrt{5} \approx 89, \varphi^{12}/\sqrt{5} \approx 144$ usw. Hier sieht man klar: Wir reden von exponentiellem Wachstum und die Zahlen werden dadurch sehr rasch sehr groß.

Die vermeintlichen Spiralen in den Sonnenblumen und Gänseblümchen geben nur sehr bedingt Auskunft darüber, wie die Köpfe der Blumen tatsächlich an Größe zunehmen. Computersimulationen zeigen, dass bei dem Wachstum der *goldene Winkel* eine entscheidende Rolle spielt. Den wollen wir gleich untersuchen. Vorher aber noch eine Bemerkung zur Anzahl der Spiralen: Es finden sich immer links- *und* rechtsdrehende Spiralen, und ihre Anzahl ist jedesmal eine Fibonacci-Zahl.

Der goldene Winkel ergibt sich, wenn wir den vollen Winkel von $360°$ im Verhältnis $1 : \varphi$ teilen. Dabei ergeben sich $137,52\cdots°$. Die Computersimulation zeigt nun ganz klar, dass die genannten Blumen jede weitere Einzelblüte so anordnen, dass sie aus der vorangegangenen Einzelblüte durch Drehung um den goldenen Winkel und ein „Hinausrutschen" vom Drehzentrum hervorgehen. Hat die Natur den goldenen Winkel einprogrammiert? Die Antwort ist fast zu bejahen, allerdings hat das keine höhere Macht bewirkt, sondern der Wert ist das Ergebnis eines einfachen evolutionären Vorgangs. Probiert man den Wachstumsvorgang nämlich mit einem anderen Winkel, kann man nur weniger Einzelblüten unterbringen. Einzelblüten bedeuten aber Nachkommen. Und die Nachkommen haben die Gene der Vorfahren. Dadurch pflanzen sich unweigerlich jene Blumen am meisten fort, die durch zufällige Mutation dem goldenen Winkel möglichst nahe gekommen sind.

Zuletzt noch ein kleiner Tipp für Frischverliebte: Es fällt auf, dass immer zwei ungerade Zahlen auf eine gerade Zahl folgen. Zählen wir die Blütenblätter von Gänseblümchen oder auch Sonnenblumen, ja sogar Rosen, so stellt sich heraus: Je nach Größe handelt es sich dabei üblicherweise um Fibonacci-Zahlen. Das hängt mit dem exponentiellen Wachstum und der Anordnung der Einzelblüten zusammen. Man kann demzufolge mit $2/3$-Wahrscheinlichkeit mit einem ungeraden Ergebnis rechnen, und deswegen sollte man nicht „liebt mich, liebt mich nicht" zählen, sondern besser mit „liebt mich nicht, liebt mich" anfangen ...

Heureka?

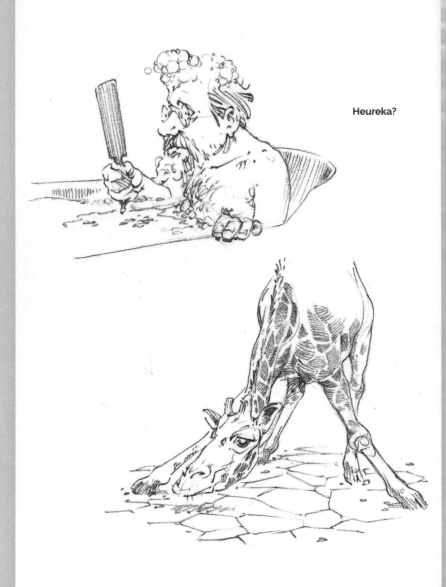

Diagramme, die nicht nur faszinieren

W ir hatten ja schon die Anekdote mit Archimedes und seinem legendären Ausspruch „Heureka". Vielleicht saß auch der russische Mathematiker Георгий Феодосьевич Вороной (Georgi Feodosjewitsch Woronoi) irgendwann in der Badewanne und spielte mit Schaumblasen – das haben wir wohl alle schon mal getan und waren von der Geometrie der Gebilde fasziniert. Und vielleicht schoss ihm die Idee ein, wie man solche Dinge geometrisch in Diagrammen in Räumen beliebiger Dimension darstellen konnte. Wenn er dann auch geahnt hätte, dass Computer eines Tages solche Diagramme im Nullkommanichts erstellen und damit viele natürliche Vorgänge simulieren können würden, hätte er es Archimedes womöglich gleichgetan und spontan die Straßen Warschaus – wo er zu dieser Zeit arbeitete – unsicher gemacht.

W ie aber ist ein Voronoi-Diagramm (interessanterweise mit V geschrieben) definiert? Am besten denkt man sich eine Anzahl Punkte (Zentren) auf einem Blatt Papier wahllos eingezeichnet. Betrachten wir nun ein solches Zentrum Z und seine unmittelbaren Nachbarzentren. Dann gibt es in der Papierebene Gebiete, wo jeder Punkt von Z einen geringeren Abstand hat als von allen anderen Zentren. In diesem Gebiet ist also der Einfluss von Z „dominant". Geometrisch gesehen werden die Seiten der Vielecke von den Mittensymmetralen je zweier Nachbarzentren gebildet. Diese Gebiete sind von einfacher Gestalt: Es sind sogenannte konvexe Polygone, also Vielecke ohne Einbuchtungen.

A ll diese Polygone sehen nicht nur zufällig so aus wie z. B. getrockneter Schlamm, die Vergrößerungen von Pflanzenblättern oder das Fell einer Netzgiraffe: Angenommen, ein noch recht dünnflüssiger Schlamm ohne Risse trocknet langsam aus, wobei die Verdunstung an gewissen Zentren am stärksten ist. Dann entstehen Spannungen von diesen Zentren aus. Der Schlamm wird dann „ungefähr in der Mitte" (also längs der Mittensymmetralen) zu reißen beginnen. Beim Fell kann man sich sogenannte Inhibitoren bzw. Aktivatoren vorstellen, die verhindern bzw. fördern, dass das Fell eine gewisse Farbe hat. Im Raum sehen viele Gebilde, wie etwa Wespennester oder Basalt-Formationen, solchen Diagrammen täuschend ähnlich, sodass der Schluss naheliegt, dass auch hier ein Gezerre und Gerangel um Einflussbereiche stattfindet, das in beeindruckenden Gebilden seinen Niederschlag findet.

V oronoi-Diagramme stellen ad hoc schon bemerkenswerte Konstrukte dar. Lässt man nun noch zu, dass sich die Zellpunkte in Richtung des Schwerpunkts der jeweiligen Zellen bewegen können, so entstehen neue, verfeinerte Diagramme. Dieser Vorgang stabilisiert sich rasch, und das Ergebnis sind wahre Meisterwerke – optimiert in vielerlei Hinsicht. Sehr wahrscheinlich, dass dies ein wichtiges Prinzip in der Natur ist.

9

Statistisches

Mucki-Studie: Wer so viele Liegestütze schafft, schützt sich vor Herzinfarkt und Co.

Muskeln, Statistik und Wahrscheinlichkeit

Internisten der Harvard Medical School in Boston haben über Jahre die Gesundheitsdaten von 1104 Feuerwehrmännern ausgewertet. Dabei fanden sie heraus, dass die Anzahl der Liegestütze, die ein mittelalter, aktiver Mann hintereinander ausführen kann, Hinweise auf dessen Herzgesundheit geben. Das regte die Hamburger Morgenpost zu einem Artikel mit der links zu lesenden Überschrift an.

Die Forscher fanden heraus, dass Testpersonen, die mehr als 40 Liegestütze schafften, ein deutlich verringertes Risiko für Herzinfarkt, Schlaganfall und andere kardiovaskuläre Erkrankungen hatten. Im Laufe der 10 Jahre dauernden Untersuchung hatte es 37 Herzinfarkte unter den Teilnehmern gegeben – 36 davon hatten die Teilnehmer, die weniger als 40 Push-ups geschafft hatten.

N un ja, dass sportliche Typen weniger Herzprobleme haben, erscheint nicht unlogisch. Machen wir einmal eine Probe: Nachdem es nur wenige Menschen gibt, die dermaßen viele Liegestütze zusammenbringen, nehmen wir probehalber mal an: Jede 40. Testperson schafft dieses Limit. Damit würden etwa 28 Personen zu diesem erlauchten Kreis gehören, die restlichen 1076 nicht. Von den 28 Supersportlern bekommt einer Probleme mit dem Herz (Wahrscheinlichkeit 1/28, also ca. $3,6$ Prozent). Von den restlichen 1076 sind 36 Problemfälle zu verzeichnen, das sind 36/1076, also ca. $3,3$ Prozent. Stopp. Das wäre ja ganz und gar nicht das Ergebnis der Studie.

Neue Rechnung, neue Chance: 54 Probanden sind Supersportler (mehr als 5 Prozent). Bleiben 1050, die nicht ganz so fit sind. Die Wahrscheinlichkeiten für den Infarkt sind nun etwa $1/54 \approx 2\%$ bzw. $36/1050 \approx 3,4\%$. Jetzt scheint es zu passen. Ein Einwand wäre allerdings: Was, wenn zufällig auch ein zweiter Supersportler im Laufe der zehn Jahre zum Kardiologen beordert worden wäre (hätte ja sein können)? Dann hieße es $2/54 \approx 3,7\%$ vs. $35/1050 \approx 3,3\%$. Wieder nichts …

W ir sehen, dass man mit voreiligen Schlüssen vorsichtig sein muss. „Seltene Ereignisse" haben ihre Tücken. Ein Klassiker auf diesem Gebiet: Das Entdecken seltener Infektionen.

Sagen wir beispielsweise, man hätte einen billigen und sehr zuverlässigen Test (Trefferquote: 99%) für eine seltene Infektionskrankheit gefunden. Im Schnitt sei jeder Tausendste infiziert. Nun will man flächendeckend testen. Bei 1000 Testpersonen wird man im Schnitt einmal fündig, der Test wird aber trotz der hohen Trefferquote bei 10 Personen Alarm schlagen. Diese 10 Bedauerlichen muss man nun zu einem Nachtest bestellen. Fairerweise sollte man ihnen aber unbedingt sagen, dass mit 90%iger Wahrscheinlichkeit ein Fehlalarm vorliegt – sonst haben wir womöglich einen zusätzlichen Herzinfarkt-Fall bei einem Supersportler …

Steigende Zahl
aktiver Yogis in
Deutschland

Tendenz steigend

Yoga gehört zweifellos zu den gesunden Sportarten. Eine „Repräsentative BDY-Studie zu Yoga in Deutschland (Yoga in Zahlen 2018 – Weiterhin steigendes Interesse)" besagt: 2014 gab es $2,6$ Mio. aktive Yogis, und $9,6$ Mio. Menschen haben früher einmal Yoga geübt. 2018 gab es dann $3,4$ Mio. aktive Yogis, und $7,9$ Mio. Menschen haben früher einmal Yoga ausgeübt.

Weiter heißt es: „Der Anteil an den aktuell Yoga-Praktizierenden ist mit 9% unter den Frauen deutlich höher als mit 1% bei den Männern."

Der letzte Satz ist zunächst nicht ganz eindeutig. Vielleicht ist gemeint: 9% aller 42 Mio. Frauen plus 1% aller 41 Mio. Männer in Deutschland. Das ergäbe eine Zahl, die mit etwas mehr als 4 Mio. in die Nähe der angegebenen $3,4$ Mio. käme. Jedenfalls wären wegen der in etwa gleich großen Zahl von Frauen und Männern etwa 90% aller aktuell Yoga-Praktizierenden weiblich.

2018 gab es also laut Statistik $0,8$ Mio. mehr *aktive*, anderseits aber $1,7$ Millionen weniger *ehemalige* Yogis. Selbst wenn der gesamte Zuwachs der Aktiven aus Ehemaligen gekommen wäre, würden immer noch $0,9$ Mio. Ehemalige wie von der Bildfläche verschwunden sein. Wir müssen uns um die Leute keine Sorgen machen, oder?

Gar nicht zum Lachen sind Statistiken wie die vom 11.3.1979 im New York Magazine: Es ging um Morde bzw. darauffolgende Todesurteile in Florida, die von Menschen schwarzer bzw. weißer Hautfarbe verübt wurden. Dabei kam es bei der ersten Gruppe zu $2,4\%$ Todesurteilen, bei der zweiten zu $3,2\%$. Daraus könnte der Normalbürger den Schluss ziehen, dass Menschen weißer Hautfarbe sogar strenger beurteilt werden als Menschen schwarzer Hautfarbe.

Beim Recherchieren stellte sich aber heraus, dass es kein einziges Todesurteil für weiße Täter gegeben hatte, wenn das Opfer schwarzer Hautfarbe war. Umgekehrt wurde jeder sechste schwarze Täter zum Tode verurteilt, wenn das Opfer weiß war. Die vermeintlich höhere Rate bei Mördern mit weißer Hautfarbe kam folglich ausschließlich dadurch zustande, dass Weiße auch Weiße ermordet hatten. So kann die verkürzte Wahrheit zur Unwahrheit werden.

Heutzutage könnte man das so formulieren: Kurze Tweets mit vermeintlichen Fakten sind allzu oft „Fake News". Dabei scheint auch hier die Tendenz steigend. So brachte es laut Washington Post (Januar 2019) der zu dieser Zeit amtierende US-Präsident auf 300 Unwahrheiten pro Monat – bei fast 60 Mio. „Followern".

Zum Abschluss dieser Doppelseite wieder zu etwas Lustigem: dem „Lügner-Paradox". Alle kennen die Geschichte von Pinocchio, der gelegentlich lügt – wobei er sofort entlarvt wird, indem seine Nase zu wachsen beginnt. Was wäre, wenn Pinocchio aber paradoxerweise sagen würde: „Meine Nase wächst gerade"?

Wir wollen keine arabischen Ziffern!!

Die Mehrheit will das nicht

Es kommt wohl darauf an, wie man die Frage stellt. Ist ja auch gemein zu fragen, ob man arabische Ziffern in den Lehrplänen haben will, und nicht dazusagt, dass wir eigentlich alle mit diesen Ziffern rechnen. Und dann wird zu allem Überfluss die Statistik veröffentlicht! Wir zitieren hier die Hannoversche Allgemeine vom 18.05.2019: „Das amerikanische Meinungsforschungsinstitut Civic Science hat erwachsenen Amerikanern folgende Frage gestellt: *Sollen arabischen Ziffern weiterhin Teil der Lehrpläne sein?* 56 Prozent der mehr als 3500 Befragten gaben an, dass amerikanische Schulen die arabischen Ziffern nicht auf dem Lehrplan haben sollten. 29 Prozent wünschen sich die Ziffern auf dem Lehrplan, 15 Prozent gaben keine Meinung an. Die Fehlertoleranz gibt Civic Science mit plus/minus drei Prozent an."

Zugegebenermaßen: Im arabischen Raum schreibt man die Ziffern etwas anders, auch wenn sie exakt dieselbe Bedeutung haben. Insbesondere wird die Null als Punkt geschrieben, während das Zeichen, das wie die Null aussieht, fünf bedeutet. Die Ziffer 6 würde ein Amerikaner unzweifelhaft als 7 erkennen (siehe Zeichnung). Wenn man die Übersetzungstabelle einmal inhaliert hat, liest man arabische Gleichungen wie europäische. Und: Die Zahlen wurden schon verwendet, als man sich in Europa mit den unhandlichen römischen Ziffern abmühte (s. S. 33).

Wenn wir schon bei repräsentativen Umfragen, Anzahl der Befragten und Fehlertoleranzen sind: Wir wollen für eine Großpartei ein Wahlergebnis einigermaßen verlässlich auf $1\,\%$ genau voraussagen. Dazu brauchen wir sage und schreibe $10\,000$ Befragte. Dabei ist noch nicht einkalkuliert, dass die Auswahl der Personen bzw. deren Ehrlichkeit kritisch zu betrachten ist.

Wenn vor Wahlen diverse Meinungsforschungsinstitute wie üblich nur 400 bis 500 Personen befragen, darf man sich nur Genauigkeiten von plus/minus einigen Prozentpunkten erwarten. Oft genug geht es aber um diese wenigen Prozentpunkte, manchmal gar nur um wenige Tausend Stimmen, wer der Wahlsieger ist. So gesehen sind solche Umfragen nicht aussagekräftig, und seltsamerweise stark abhängig davon, welcher Partei das Meinungsforschungsinstitut nahesteht.

Zum Abschluss noch eine Bemerkung über „resolute Minderheiten": Ein Verein von 25 Mitgliedern bringt einige Themen per Briefwahl zur Abstimmung. Bei einem scheinbar belanglosen Vorschlag, der von den meisten Mitgliedern mehr oder weniger zufällig mit *Ja* oder *Nein* angekreuzt wird, haben fünf Personen insgeheim beschlossen, unbedingt mit *Nein* zu stimmen. Dann lässt sich ausrechnen, dass diese Minderheit ihren Willen mit $87\,\%$ Wahrscheinlichkeit durchbringt, ohne dass viel Aufhebens gemacht wurde.

Ich helfe Ihnen ein bisschen ...

Wollen Sie nicht Ihre Wahl ändern?

Sie stehen in einer Spiel-Show knapp davor, den Hauptpreis (einen Sportwagen) zu kassieren: Nur noch ein kleines Problem ist zu lösen: Drei Türen befinden sich in der Wand vor Ihnen, und nur hinter einer wartet der Flitzer. Hinter den beiden anderen sind nur Trostpreise, also z. B., wie in der Show „Let's make a deal" von Monty Hall, Ziegen.

Sie geben also ihren Tipp ab, aber anstatt dass der Moderator (er weiß ja, wo das Gefährt steht) „Ihre Tür" öffnet, macht er demonstrativ eine der beiden anderen Türen auf – mit einer der beiden Ziegen dahinter. Sie freuen sich, denn jetzt scheint Ihre Chance auf 50 : 50 gestiegen zu sein (die andere Ziege oder der Porsche). Doch der Moderator fragt penetrant, ob Sie nicht noch schnell Ihre Meinung ändern und die andere noch nicht geöffnete Türe wählen wollen. Der Mann will Sie doch bestimmt nur von Ihrem Gewinn abbringen!?

Wenn's um so viel geht, lohnt es sich, die Sache genau zu analysieren. Das „Ziegenproblem" bietet immer noch Stoff für heiße Diskussionen im Internet. Folgender Gedankengang führt zum richtigen Ergebnis:
Ich wähle zunächst willkürlich eine der drei Türen. Habe ich auf den Sportwagen getippt, ist das gut. Habe ich auf einen der beiden Trostpreise getippt, nicht. Die Wahrscheinlichkeit,

den Haupttreffer abzusahnen, ist 1 : 3. Bleibe ich konsequent bei meiner Wahl, dann ändert sich auch nichts an der Wahrscheinlichkeit. Auch nicht, wenn mir der Moderator großartig eine der beiden Ziegen zeigt: das ist nämlich in jedem Fall möglich – ob ich nun das Auto oder eine der beiden Ziegen erwischt habe.

Nun zur Strategie, die Wahl „auf jeden Fall" zu ändern. Hier gibt es drei Fälle: Wenn ich beim ersten Tippen den Sportwagen erwischt habe, ist das jetzt schlecht für mich. Wenn ich aber Ziege 1 *oder* Ziege 2 gewählt habe, zeige ich nach meiner Änderung *in beiden Fällen* auf das Objekt meiner Begierde. Schlagartig habe ich also die doppelte Chance, zu gewinnen! So gesehen war die Information des Moderators für mich eine Hilfe – und keine Verunsicherung. Der konsequente Wechsel auf die verbleibende Tür ist die deutlich bessere Wahl!

Wenn Sie das Problem in einer kleinen Runde diskutieren, werden Sie alle möglichen widersprüchlichen Argumentationen zu hören bekommen. Aber Sie haben ein Hütchenspiel (drei Hütchen und ein Bonbon) vorbereitet und spielen mit einer Versuchsperson das Ratespiel zwanzig Mal *ohne* und zwanzig Mal *mit* Meinungsänderung. Die Leute werden staunen, wie deutlich man sieht, dass das Umschwenken besser ist!

Aber diesmal!

Der Zufall hat nun mal kein Gedächtnis

Millionen stehen weltweit vor den Roulette-Tischen oder tippen Woche um Woche im Lotto und wissen es ganz genau: *Diesmal* funktioniert es. Es ist schon so lange kein Rot gekommen, die 17 ist längst überfällig. Hie und da landen die Leute natürlich doch einen Treffer, der dann aufgebauscht und ausgeschmückt wird.

Kopf oder Zahl? Zugebenermaßen klingt folgender Gedankengang im ersten Moment vernünftig: „Die Wahrscheinlichkeit, dass dreimal hintereinander Kopf kommt, ist $(1/2)^3 = 1/8$, und dass viermal hintereinander Kopf kommt, nur mehr $(1/2)^4 = 1/16$, das sind ca. 6%. Wenn also schon dreimal Kopf gekommen ist, ist mit hoher Wahrscheinlichkeit (94%) damit zu rechnen, dass jetzt Zahl kommt." Wenn das irgendwo so stünde und es ginge nicht um dermaßen viel, würde einem der Satz vielleicht gar nicht so auffallen, aber es geht um vieles: nämlich, ob man sich mit System „reich spielen" kann oder nicht. Und das hat schon sehr, sehr viele Menschen beschäftigt.

Der Trugschluss im obigen Satz ist klar: Wir wetten ja nicht auf die gesamte Serie, sondern wir beobachten nur. Und wenn dann zufällig dreimal Kopf gekommen ist, werden wir hellwach. Jetzt schnell auf Zahl setzen! Die Münze hat aber kein Gedächtnis. Was vorbei ist, ist vorbei. Neues Spiel, neue Chance. $50 : 50$. Basta!

Neuer Versuch; Es ist erwiesen, dass bei *sehr, sehr* vielen Versuchen *am Ende* recht genau gleich oft Kopf wie Zahl kommt. So etwas wie eine „ausgleichende Gerechtigkeit" also. Wenden wir diese Gerechtigkeit auf uns selbst an: „Wenn ich schon dreimal auf die falsche Seite der Münze gesetzt habe, wird es immer wahrscheinlicher, dass ich das nächste Mal gewinne." Hm, Sie merken es selbst: Es ist wieder genau das gleiche Dilemma. Was kümmert es das Schicksal, dass Sie gerade dreimal verloren haben? Die Rede war von *sehr, sehr* vielen Versuchen, also z.B. mindestens $1\,000$. Wenn Sie Pech haben, sind Sie bis dahin bankrott, und Sie können nicht einmal sauer auf die Gerechtigkeit sein ...

Manchmal funktioniert die Sache dennoch: Sagen wir, Sie spielen „Russisch Roulette", aber bitte nur mit einem Spielzeug-Trommelrevolver: In der 6er-Trommel gibt es nur eine Patrone. Wenn Sie vor jedem Abdrücken die Trommel länger rollen lassen, bleibt es bei der Chance $1/6$, dass es danach knallen wird. Wenn Sie aber nur am Anfang rollen lassen, erhöht sich mit jedem Mal die Wahrscheinlichkeit.

Und noch etwas: Wenn es beim Münzwurf in der Praxis vorkommen sollte, dass wirklich zehnmal Kopf kommt, dann könnte es daran liegen, dass die werfende Person einen Trick beherrscht, um die Umdrehungszahl zu steuern ...

Wir haben es schon fast!

Irgendwann ist es so weit!

Denken wir an ein Zahlenschloss für ein Fahrrad mit vier Ziffern von 0 bis 9. Sie haben dummerweise den Code vergessen? Schaffen Sie es, das Schloss zu knacken? Immerhin haben Sie für die erste Ziffer 10 Möglichkeiten, für die zweite auch usw. Es gibt folglich

$$10 \cdot 10 \cdot 10 \cdot 10 = 10^4 = 10\,000$$ Möglichkeiten

Aber Sie werden es wohl systematisch probieren müssen (außer Sie haben ein gewisses Talent zum Tresorknacken und merken an gewissen Feinheiten, wenn Sie eine Ziffer erraten haben; im Internet findet man Videos, wo die Leute für solch ein Radschloss kaum eine Minute brauchen).

Wenn das Schloss nicht Ziffern, sondern Buchstaben verwenden würde, von denen es ja im Deutschen 26 gibt, wäre das schon schwieriger. Man hätte 26^4 (das sind fast $500\,000$) Möglichkeiten. Dennoch, mit System wäre auch ein solches Schloss zu knacken. Rein theoretisch – aber wirklich nur theoretisch – könnte man auch ein Schloss mit 100 oder noch viel mehr Stellen (Buchstaben) knacken. Allerdings bräuchte man dafür *sehr, sehr lange* (fast unendlich lang).

Die Frage ist: Können wir das Schloss auch knacken, wenn wir völlig zufällig und ganz ohne System arbeiten? Die Antwort ist: Ja! Irgendwann, früher oder später, würden wir die richtige Kombination erwischen. Das „garantiert" das *Gesetz der großen Zahlen*. Es stellt sich heraus, dass wir im Durchschnitt gleich lang brauchen, ob wir nun mit System arbeiten oder mit dem Zufallsprinzip. In einer Computersimulation brauchte der schwer arbeitende „Blechtrottel" schon sehr lange, um z. B. 100 Mal das Wort „MONKEY" zufällig zu erwischen, aber im Durchschnitt brauchte er etwa 300 Millionen Versuche, um – völlig zufällig – die 6 Buchstaben in der richtigen Reihenfolge hinzuschreiben.

Damit sind wir schon beim *Theorem der endlos tippenden Affen*. Es besagt, dass ein Affe, der unendlich lange zufällig auf einer Tastatur herumtippt, irgendwann jedes beliebige Buch der Welt tippen könnte. Alternativ könnten wir auch unendlich viele Affen (mit ebensovielen Tastaturen) einspannen, um das Ergebnis zu erhalten. Jeder neue vorgegebene Buchstabe macht das Problem um eine Potenz aufwendiger, aber so ist das nun mal mit der Mathematik: Wirklich unendlich wird die Zahl der Versuche nie.

Das Ganze klingt natürlich völlig verrückt und man könnte es als Unfug abtun, aber die Theorie ist ja – was den Affen anbelangt – ohnehin irrelevant. Sie wird nur eingesetzt, wenn es – etwa in der Evolutionstheorie – darum geht, zu erklären, dass bei sehr, sehr vielen Versuchen auch sehr, sehr viel zufällig eintreten kann.

P.S.: Erkennen Sie den Schauspieler in der Zeichnung? Vielleicht haben Sie den Film von Stanley Kubrick gesehen, wo Besagter in den Bergen von Colorado gruselig stunden- und tagelang auf seiner Schreibmaschine herumtippt?

Das darf aber jetzt nicht wahr sein!

Aliens, wohin das Auge blickt

„Wer nichts weiß, muss alles glauben." Dieses Sprichwort stammt von Marie von Ebner-Eschenbach, gilt aber unter anderem auch als Motto für die „Science Busters" – und es könnte auch Motto dieses Buches sein.

Manchmal trifft man Leute, die eigentlich „Realos" sind. Die erklären einem, wie David Copperfield riesige Dinge verschwinden lässt oder Uri Geller Löffel verbiegt. Sie beherrschen manchmal selbst tolle Tricks, denen man nur sehr schwer auf die Schliche kommt, und dennoch hat es ihnen irgendeine Sache, auf die sie sich noch keinen Reim machen können, angetan und sie meinen allen Ernstes: Das können nur Aliens gewesen sein.

Nicht dass es missverstanden wird: Die Wahrscheinlichkeit, dass es außerirdisches Leben in den unendlichen Weiten des Weltalls gegeben hat, gibt oder geben wird, ist vom mathematischen Standpunkt nahezu $100\,\%$. Es gibt ernstzunehmende wissenschaftliche Theorien, dass einzellige Lebewesen durchaus via Kometen auf die Erde gebracht worden sind und sich daraus unser Leben entwickelt hat. Wenn man sich ansieht, welche unglaublichen Ergebnisse die Evolution auf der Erde hervorgebracht hat, kann man sich eigentlich gar nicht vorstellen, dass das nicht abertausendfach im Universum passiert.

Allerdings – auch wieder vom mathematischen Standpunkt aus gesehen: Die Wahrscheinlichkeit eines örtlichen und zeitlichen Treffens zweier Zivilisationen, die einander so ähnlich sind, dass sie miteinander kommunizieren könnten, geht gegen Null. Es gibt unseren Planeten seit $4,5$ Milliarden Jahren und den „zivilisierten" Menschen seit 4500 Jahren (um eine einfache Zahl zu wählen). Das ist ein Millionstel der Zeitspanne. Selbst wenn es einen nicht allzu weit entfernten Planeten mit vergleichbar lebensfreundlichen Bedingungen gäbe (z. B. den Mars), wäre ein zeitliches Zusammentreffen von hochentwickelten Zivilisationen überaus unwahrscheinlich. Wenn so ein Planet Dutzende Lichtjahre entfernt ist, ist zusätzlich diese Distanz ein ernstes Problem – sollten unsere Theorien über die Lichtgeschwindigkeit stimmen.

Unter diesem Gesichtspunkt erscheint es fast lächerlich, wie oft ein „unerkläriches Licht" oder Ähnliches dafür herhalten muss, dass wir von Aliens umzingelt sind. Ein klassisches Beispiel dafür, wie leicht man Menschen irreführen kann, sind die altbekannten Kornkreise. Mittlerweile haben Wissenschaftler nachgewiesen, wie vergleichsweise leicht es ist, überaus komplexe Kreismuster in wenigen Stunden mit einfachsten Mitteln in ein Kornfeld zu zaubern. Teams von engagierten Aufklärern haben vor laufender Kamera in wenigen Stunden nächtens vorgeschriebene Muster in Felder gedrückt. Was nützt es? Irgendein Argument kommt immer, dass es doch die Aliens gewesen sein müssen. So ist das mit den Menschen: Irgendwas muss man doch glauben.

10

Sehtechnisches

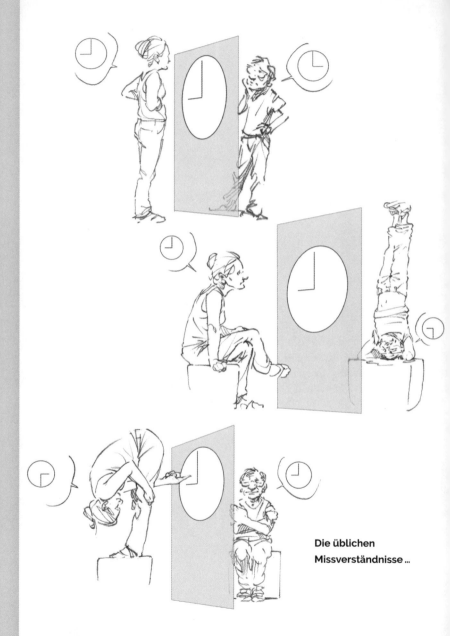

Die üblichen
Missverständnisse …

Im Uhrzeigersinn

Die Sonne dreht sich im Uhrzeigersinn. So viel scheint fix. Schließlich gibt es sogar eine Pfadfinderregel, wie man mit Hilfe einer Analog-Armbanduhr (früher gab es *nur* solche!) Süden ziemlich genau auffinden kann: Man richte den Stundenzeiger auf die Sonne und halbiere den Winkel zur 12-Uhr-Stellung. Der Grund dafür: Der Zeiger läuft zweimal in 24 Stunden rundum, bewegt sich also doppelt so schnell wie die Sonne.

Aber im Zeitalter der Globalisierung gibt es ein Problem: Mit der beschriebenen Regel findet man auf der südlichen Halbkugel *Norden*. Stimmt, die Sonne steht ja dort zu Mittag im Norden! Und zusätzlich dreht sie sich *gegen* den Uhrzeigersinn. Die Begründung scheint rasch gefunden: Wir stehen ja auf der südlichen Halbkugel „auf dem Kopf". Und dadurch dreht sich alles umgekehrt herum.

Wirklich? Machen wir einen Kopfstand und beobachten den Sekundenzeiger unserer Analog-Uhr (beim Minuten- oder Stundenzeiger bekämen wir einen roten Kopf, weil es zu lange dauern würde). Der Zeiger läuft nach wie vor im Uhrzeigersinn. Es muss also einen anderen Grund geben. Nun, wenn wir die Sonne beobachten, schauen wir natürlich intuitiv in Richtung der Sonne, und die steht auf der Nordhalbkugel im Süden und auf der Südhalbkugel im Norden. Wir schauen also in die umgekehrte Richtung!

Im Raum gibt es nur Drehungen um eine Achse. Wenn ich in Richtung der Achse schaue und den Umlaufsinn bestimme, ist der genau umgekehrt wie wenn ich *gegen* die Richtung der Achse sehe. Die Sonne (die ja ein Fixstern ist) dreht sich nur deswegen scheinbar, weil wir uns um die Erdachse drehen. Wenn ich nach Süden schaue, blicke ich im Wesentlichen *gegen* die Richtung der Erdachse, wenn ich nach Norden schaue (Südhalbkugel), *in* Richtung der Erdachse.

Jetzt dasselbe Spielchen mit den anderen Fixsternen. Kann doch kein Problem sein: Die drehen sich dann auf der Nordhalbkugel auch im Uhrzeigersinn. Wann sehe ich die Drehung der Sterne? Wenn es dunkel ist, natürlich. Jetzt ist aber die Sonne im Norden (wenn auch unter der Erdoberfläche). Den Polarstern anvisieren, heißt die Devise. Dann wird die vermeintlich komplizierte Sternenbewegung ganz einfach: Es ist eine Drehung *gegen* den Uhrzeigersinn. Auf der Südhalbkugel wieder umgekehrt. Jetzt ist es klar …

Nach dem Gesagten muss man natürlich schmunzeln, wenn man in einer Reportage über das Wiener Riesenrad hört, dass sich dieses immer in derselben Richtung dreht, nämlich im Uhrzeigersinn. Aus der Sicht des Kameramanns wird's schon stimmen …

Von Zwergen und Riesen

Die Zeichnung zeigt etwas, von dem wir glauben, dass es in unserem Alltag nicht so oft vorkommt: Die Fehleinschätzung von Größenmaßen. Haben Sie beim Betrachten geschmunzelt? Über den Müllmann oder den vermeintlichen Zwerg? Sehen wir uns die Sache ein bisschen näher an.

Angenommen, die Straße hätte tatsächlich eine Engstelle, und die Person dort wäre ein kleiner boshafter Kobold. Dann würden wir nämlich glauben, die Straße sei breiter – und so gesehen hätte der Müllmann im Vordergrund, der das vielleicht weiß, tatsächlich recht! Wäre die menschliche Silhouette im Hintergrund von normaler Größe, dann müsste man allerdings davon ausgehen, dass unser Saubermann das Wesen der Perspektive nicht verstanden hat.

Wir Menschen haben keinen eingebauten Laserstrahl, mit dem wir Entfernungen zu einer Person oder einem Gegenstand messen können. Die sollten wir nämlich als Erstes messen, wenn wir die Größe eines Objekts abschätzen. Danach sollten wir den *Winkel*, unter dem das Objekt erscheint, erfassen. Das Winkelmessen funktioniert mit den Augen viel besser als das Distanzmessen. Beim Entfernungsmessen verwenden wir *beide Augen*. Dadurch erscheint ein anvisierter Punkt unter leicht unterschiedlichen Horizontalwinkeln, und die abertausendfache Erfahrung in unserem Leben interpretiert die Winkeldifferenz.

Probieren wir die Sache an einer Szene aus, die jedem von uns schon oft untergekommen ist: Wir fahren auf einer Straße neben einer riesigen Grünfläche ohne Gebäude oder Bäume, auf der Dutzende von Windrädern „nachhaltige Energie" erzeugen. Aber, ehrlich gestanden, Sie haben keine Ahnung, wie groß die sind (wir wussten es auch nicht ad hoc): Heutzutage gibt es bereits Windräder von über 200 Metern Höhe (inklusive der Rotorblätter). Als Übungsaufgabe können Sie dann gleich ausrechnen, wie schnell sich die Enden der Flügel bewegen, wenn sich diese in drei Sekunden einmal herumdrehen. Wenn Sie aus irgendeinem Grund viel kleinere Größenmaße geschätzt haben, multiplizieren Sie Ihr Ergebnis mit dem „Fehlerfaktor".

Ein klassiches Beispiel, bei dem es um eine „Mondtäuschung" geht: Der Mond ändert im Laufe einer Nacht natürlich seine Größe nicht. Gemeint ist der Sehwinkel, unter dem er erscheint, und der im Schnitt $1/2°$ beträgt – damit können Sie bei ausgestrecktem Arm den Mond locker mit Ihrem Daumen abdecken, selbst wenn er viermal so groß wäre. Wenn der Mond aber „riesig" zwischen zwei weit entfernten Bäumen aufgegangen ist, sind Sie ein paar Stunden später über den plötzlich wieder so kleinen Mond am Firmament erstaunt.

**Alles in vielfacher Hin-
sicht unter Kontrolle?**

Das Spiegelparadoxon, gleich mehrfach

Was passiert eigentlich, wenn wir im Spiegel letzte Korrekturen an unserem Outfit machen? Wir führen unsere linke Hand zum linken Auge. Unser recht realistisches Gegenüber macht augenblicklich dasselbe, allerdings scheint die rechte Hand zum rechten Auge zu wandern: Wird da links und rechts vertauscht?

Mathematisch gesehen werden die Abstände vom Spiegel zu „negativen Abständen". Mein Gegenüber ist also nicht völlig ident mit mir. Weil ich das aber fest glaube, habe ich den Eindruck, dass links und rechts vertauscht werden. Verwirrend ...

Sie sind sicher schon einmal in einem Aufzug gefahren, dessen Kabine auf der linken und der dazu parallelen rechten Seitenwand verspiegelt war. Dann sieht man sich selbst „unendlich oft". Doch halt – einmal sieht man sich von vorn, dann von hinten, das dritte Mal wieder von vorn usw. Man sieht sich eigentlich „zweimal unendlich oft". In der zweiten Spiegelung sieht man sich von hinten, aber im Spiegel vor sich gespiegelt. Wenn nun irgendetwas gerade an Ihrer linken Schulter hochkrabbelt, dann tut es das auch in der zweiten Spiegelung.

Wenn zusätzlich die Rückwand der Aufzugkabine verspiegelt ist, gibt es eine Steigerung: Wenn Sie z. B. in Richtung der linken Spiegelkante blicken (linker Spiegel und hinterer Spiegel stoßen hier recht-

winkelig zusammen), sehen Sie sich unerwartet auch dort, allerdings nicht spiegelverkehrt, sondern um 180° verdreht. Es ist, als ob Ihr Double versuchen würde, Ihren verbalen Anweisungen korrekt zu folgen: „Linke Hand zur linken Schläfe" ...

Hier setzt sich nämlich unser Spiegelbild aus zwei *doppelten* Spiegelungen zusammen: Die von uns aus gesehen linke Hälfte stammt von Ihrem Klon hinter der rückwärtigen Wand, der eigentlich rechts von Ihnen steht – allerdings im linken Spiegel gespiegelt. Die rechte Hälfte ist die Spiegelung Ihres links von Ihnen befindlichen Spiegelbilds im linken Spiegel, gespiegelt an der hinteren Spiegelwand. Alles klar? Irgendwie erinnert die Sache an einen Italowestern, wo der böse Revolverheld versucht, in einem Spiegelkabinett den Helden, den er vielfach sieht, mittels einer gezielten Kugel ins Jenseits zu befördern.

Sollte in der Aufzugskabine auch die Decke verspiegelt sein, wird's so richtig spannend. Blicken Sie z. B. ins linke obere Eck, dann sehen Sie sich erneut, und zwar spiegelverkehrt und am Kopf stehend. Sie sehen hier nämlich drei *Dreifachspiegelungen*, die zusammen ein Gegenüber ergeben. Ersparen wir uns die verbale Beschreibung?

Wenn Sie so eine verspiegelte Würfelecke auf dem Mond postieren und von einem beliebigen Punkt der Erde einen Laserstrahl hineinschießen, dann kommt der Laserstrahl gut zwei Sekunden später – nach dreimaliger Spiegelung – zu Ihnen zurück. Damit wird tatsächlich die sich ständig ändernde Entfernung zum Mond gemessen.

Mal sehen, wer wen kriegt ...

Fischaugen und Fischaugen-Perspektiven

Unter Wasser sehen wir ohne Hilfsmittel nicht gut: Der Brechungsindex unserer Hornhaut ist zu gering, um die einfallenden Lichtstrahlen auf der Retina zu bündeln. Seelöwen, die an Land stark kurzsichtig sind, sehen dafür gut unter Wasser. Eine Taucherbrille hilft, das Problem zu beseitigen. Wer aber besonders cool sein will, schafft sich Unterwasserkontaktlinsen an, die extrem viele Dioptrien haben, und kann dann wie ein Krokodil unter Wasser sehen (diese verwenden dafür die durchsichtige Nickhaut). Allerdings ist das „Festschrumpfen" der Linsen keine leichte Angelegenheit.

Vorausgesetzt, die Wasseroberfläche ist ganz glatt, können Unterwassertiere alles, was sich über der Wasseroberfläche befindet, innerhalb eines Kreises sehen. Die Kreisfläche heißt Snell-Fenster, benannt nach dem Entdecker des Brechungsgesetzes. Die Brechung entsteht dadurch, dass sich Licht in der Luft praktisch gleich schnell wie im Vakuum fortbewegt, im Wasser aber um $1/4$ langsamer.

Fotografieren wir aus geringer Tiefe mit einem starken Weitwinkel-Objektiv vertikal nach oben, dann sieht das Bild der Außenwelt wie eine Fotografie mit einem Fischaugenobjektiv aus: Im Zentrum sieht das Bild recht normal aus, gegen den kreisförmigen Rand ist es stark kontrahiert. Ein Krokodil, das lange Zeit regungslos in geringer Tiefe auf der Lauer liegt, kann damit genau abschätzen, wann und wie es aus dem Wasser schießen muss, um die Beute zu erwischen. Umgekehrt sieht die Beute den Jäger nicht so leicht, weil durch den flachen Winkel die Wasseroberfläche stark spiegelnd ist.

Was aber ist außerhalb des Snell-Fensters zu sehen? Abgesehen davon, dass alles, was um einen herum im Wasser ist, wie gewohnt unverzerrt gesehen wird, sieht man – wieder bei glatter Wasseroberfläche – außerhalb des Kreises nahezu ansatzlos die Totalreflexionen jener Objekte, die weit genug entfernt sind, dass sich diese totale Spiegelung ausgeht.

Jeder Punkt unter Wasser hat „sein eigenes Snell-Fenster", durch das er mit Sonnenlicht „versorgt" wird. Im Wesentlichen kann nur dieses Licht reflektiert werden. Schwimmt also ein Fisch A knapp unter der Wasseroberfläche, bekommt er beinahe das ganze Spektrum des Sonnenlichts ab. Beobachtet ihn aber ein Krokodil B aus z. B. 10 Metern Entfernung, dann muss das von A reflektierte Licht 10 Meter bis B zurücklegen. Nach 10 Metern verschwindet aber bereits der Rotanteil des Sonnenlichts, und A erscheint von B aus gesehen im Normalfall blau- und grünstichig. Ist der Fisch A aber rot, wird er beinahe unsichtbar. Die Farbe Rot ist also die ideale Tarnfarbe unter Wasser, und das umso mehr, je tiefer A schwimmt!

Wenn aber unser Krokodil aus wenig Tiefe in Richtung Oberfläche blickt, erscheint durch das Snell-Fenster die Außenwelt bunt und attraktiv ...

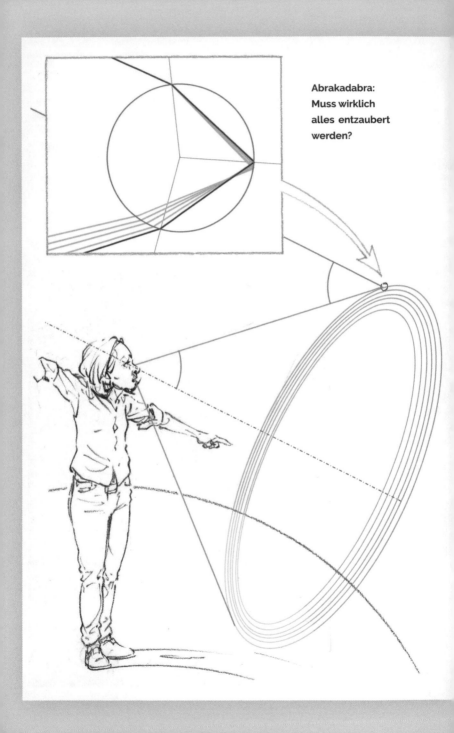

Abrakadabra:
Muss wirklich
alles entzaubert
werden?

Suche den Schatz am Fuß des Regenbogens

Ist doch schön, wenn man einen Regenbogen sieht. Und natürlich ist es nur eine Legende, aber es ist doch schön, wenn man daran glauben kann, dass dort, wo der Regenbogen in die Erde eintaucht, ein Schatz versteckt sein könnte: *Abrakadabra*.

Der römische Mediziner Quintus Serenus zitierte bereits das genannte Zauberwort. Er empfahl, zum Schutz vor Malaria ein Amulett mit diesem Zauberwort bei sich zu tragen. Das Schlüsselwort gibt es heute noch in mehreren Sprachen (sogar im Russischen). Natürlich wurde die Sache mit der Malaria mittlerweile entzaubert, aber warum soll man den harmlos-schönen Regenbogen entmystifizieren?

Der französische Philosoph, Mathematiker und Naturwissenschaftler (eine klassische Kombination) René Descartes, dem wir das heute überall gegenwärtige kartesische Koordinatensystem verdanken, erklärte schon im 17. Jahrhundert, wie ein Regenbogen zustande kommt:

Zunächst die Grundvoraussetzung: Beim Übergang in ein optisch dichteres bzw. dünneres Medium wird Sonnenlicht in das Regenbogenspektrum aufgefächert. Heute wissen wir, warum: Sonnenlicht besteht aus Licht mit verschiedenen Wellenlängen, und jede Wellenlänge hat ihren eigenen Brechungsindex.

Das optisch dichtere Medium ist in unserem Fall Wasser. Nach einem Regenguss entstehen an einem warmen Tag Millionen kleinster Wassertröpfchen. Sie sind wegen der Oberflächenspannung exakt kugelförmig. Descartes erkannte, dass die parallelen Lichtstrahlen, die in diese Kügelchen eindringen, innerhalb der Tröpfchen aufgefächert und an der Kugelrückwand zum Teil totalreflektiert werden. Nach dem Austreten aus den Wasserbällchen in umgekehrter Richtung haben wir die Spektralfarben, die je nach Farbe unter einem Winkel von $\alpha = 42° \pm 2°$ vom einfallenden Sonnenstrahl abweichen.

Abermillionen von Tröpfchen senden also Regenbogenlicht retour, wobei wir dieses Licht nur sehen, wenn wir die Tröpfchen genau unter dem Winkel α vor uns haben. Sie scheinen damit einen Kreis zu bilden. Genauer gesagt liegen sie auf einem Kegel mit dem halben Öffnungswinkel α. Die Kegelachse geht in Sonnenstrahlrichtung durch unser Auge. Der Kegel ist nur teilweise zu sehen und verschwindet am Horizont. Ändern wir nun unsere Position, dann wandert der Kegel mit uns und auch der Fuß des Regenbogens wandert mit. Deswegen finden wir auch den Schatz nie.

Frage: Ist deswegen der Regenbogen weniger schön oder faszinierend? Im Gegenteil: Ab jetzt können wir das Schauspiel sogar noch öfter sehen. Wir wissen ja, wohin wir uns wenden müssen.

Rolling Shutter im Selbstversuch

Das soll die Realität sein?

Wenn Sie Fotograf sind und nicht nur die klassischen Aufnahmen machen wollen, bei denen bei normalen Bedingungen unbewegte oder nur leicht bewegte Objekte dargestellt werden, könnte es sein, dass Sie irgendwann vor einem Foto sitzen, das Sie selbst gemacht haben und das einfach nicht der Realität entspricht. Es könnte z. B. sein, dass Sie bei einem Pferderennen direkt an der Ziellinie gestanden sind und mit Ihrer sündteuren Kamera bei höchster Konzentration den Kopf-an-Kopf-Zieleinlauf der beiden Favoriten mit $1/10\,000$ Sekunde Belichtungszeit fotografiert haben und „beweisen" können, dass nicht Pferd A, sondern Pferd B die Nase vorne hatte – und trotzdem unrecht haben!

Im Falle des Zieleinlaufs wäre es womöglich besser gewesen, viel länger zu belichten. Dann hätten Sie zwar ein unscharfes Foto, aber Sie wären nicht ins Fettnäpfchen getreten: Sie haben nämlich bei der Rennkommission erfolglos Nichtigkeitsbeschwerde einlegt und in einem Rechtsstreit einen teuren Gutachter bezahlen müssen.

Das Phänomen heißt in der Fachsprache „Rolling-Shutter-Effekt", und um es so richtig zu verstehen, machen wir einen Selbstversuch: Sie verwenden dazu einen gewöhnlichen Kopierapparat, bei dem beim Kopiervorgang innerhalb einer Sekunde eine Art Leiste von links nach rechts wandert und dabei das auf die Glasfläche Gelegte „Strich für Strich" kopiert. Der Brief an den Rechtsanwalt wird dadurch 1 : 1 gestochen scharf abgebildet. So weit, so gut. Nun legen Sie z. B. Ihre linke Hand auf die linke Hälfte der Glasfläche, drücken mit der rechten Hand auf „Copy" und in dem Augenblick, wo die Leiste unter Ihrer Hand vorbeikommt, klappen Sie die Hand auf die rechte Hälfte der Glasfläche, sodass die Leiste Ihre Hand ein zweites Mal „unterwandert". Das Ergebnis sieht dann im Prinzip so aus wie bei unserer Versuchsperson am linken Bild – allerdings wurde hier der Kopf „geklappt". Fortgeschrittene können dann noch schnelle Drehungen einführen, und schon erhält man künstlerisch verzerrte multiple Eindrücke einer realen Welt.

Bei $99{,}999999\,\%$ aller Sensoren in unseren Fotoapparaten wird im Prinzip ein Bild so gespeichert wie beim Kopierer. Es wird Spalt für Spalt belichtet und gespeichert (der Rolling Shutter läuft dann von oben nach unten). Das hat den Vorteil, dass man extrem kurz belichten kann (z. B. $1/10\,000$ Sekunde). Fotografieren wir jetzt von der Tribüne aus den Zieleinlauf der beiden Vollblüter, wobei A weiter von Ihnen entfernt ist und z. B. vier Zentimeter vor B durchs Ziel geht. Der Kopf von A erreicht die Ziellinie, Sie drücken ab. Bis der Shutter den Kopf von A erreicht, vergeht – sagen wir – eine Millisekunde, und A ist dann vielleicht 2 cm weitergelaufen. Bis der Shutter aber den Kopf von B erreicht, sind fünf Millisekunden verstrichen, und B ist 10 cm weiter, sodass scheinbar B gewonnen hat.
Die Lösung ist der „Global Shutter", der aber im Moment noch so teuer ist, dass Sie ihn sich einfach nicht leisten können …

Index

158

Georg Glaeser
Leiter des Instituts für Kunst & Technologie / Geometrie, Universität für angewandte Kunst Wien, Österreich
Markus Roskar
Abteilung für Geometrie, Universität für angewandte Kunst Wien, Österreich

Library of Congress Control Number: 2019937131

Bibliografische Information der Deutschen Nationalbibliothek
Die Deutsche Nationalbibliothek verzeichnet diese Publikation in der Deutschen Nationalbibliografie;
detaillierte bibliografische Daten sind im Internet über http://dnb.dnb.de abrufbar.

Lektorat: Tamara Radak
Grafische Gestaltung: Peter Calvache

Projektleitung „Edition Angewandte" für die Universität für angewandte Kunst Wien: Anja Seipenbusch-
Hufschmied, A-Wien
Content and Production Editor für den Verlag: Angela Gavran, A-Wien

Printing: Christian Theiss GmbH, A-9431 St. Stefan

ISSN 1866-248X
ISBN 978-3-11-066240-5
Dieses Buch ist auch in englischer Sprache (ISBN 978-3-11-066354-9) erschienen.

© 2019 Walter de Gruyter GmbH, Berlin/Boston

2., korrigierter Nachdruck

www.degruyter.com